· 数据处理与分析高手丛书 ·

从零开始学

Power BI
商业数据分析

（视频教学版）

刘鑫◎编著

U0264009

北京理工大学出版社
BEIJING INSTITUTE OF TECHNOLOGY PRESS

图书在版编目(ＣＩＰ)数据

从零开始学 Power BI 商业数据分析：视频教学版 /
刘鑫编著. -- 北京：北京理工大学出版社, 2023.10
（数据处理与分析高手丛书）
ISBN 978-7-5763-2972-8

Ⅰ. ①从… Ⅱ. ①刘… Ⅲ. ①可视化软件—数据分析
Ⅳ. ①TP317.3

中国国家版本馆 CIP 数据核字(2023)第 194606 号

责任编辑：江　立　　　　　**文案编辑：**江　立
责任校对：周瑞红　　　　　**责任印制：**施胜娟

出版发行 / 北京理工大学出版社有限责任公司
社　　址 / 北京市丰台区四合庄路 6 号
邮　　编 / 100070
电　　话 / （010）68944451（大众售后服务热线）
　　　　　　　（010）68912824（大众售后服务热线）
网　　址 / http://www.bitpress.com.cn

版 印 次 / 2023 年 10 月第 1 版第 1 次印刷
印　　刷 / 三河市中晟雅豪印务有限公司
开　　本 / 787 mm × 1020 mm 1/16
印　　张 / 12.5
字　　数 / 258 千字
定　　价 / 79.00 元

图书出现印装质量问题，请拨打售后服务热线，负责调换

在如今这个数据化时代，人们越来越离不开数据，如何让数据变得有价值是每个职场人都必须面对的事。无论你从事的是什么工作，学会数据分析与可视化都是非常必要的。对于职场人来说，随着技术的发展，数据分析已经变得越来越容易，一些数据分析软件用起来就像 Excel 和 PPT 等办公软件一样简单，几乎人人都能较为轻松地掌握一些常用的数据分析技术，数据分析俨然已经成为每个职场人的必备技能。

Power BI 是由微软研发的构建在 Excel 基础上的商业数据分析工具，它集数据清洗、建模和可视化为一体，能快速、简便、直观地分析和展示数据，功能非常强大。Power BI 操作简单，容易上手，是职场人必须掌握的主流工具之一。在微软的官方描述中提到，Power BI 正在服务包括全球 97% 的世界 500 强企业在内的 25 万多家企业。这些企业选择 Power BI 的主要原因如下：

- Power BI 与 Excel 及 Microsoft Teams 集成，能更好地发挥 Office 365 的生产力。
- Power Query 功能强大，可以连接很多数据源。
- 可以借助 Power BI 与 Microsoft Azure Synapse Analytics 快速构建智能系统。
- Power BI 可以与 Microsoft Power Platform 协同工作。
- Power BI 是唯一提供防止数据泄漏机制的 BI 产品。
- Power BI 可以与工业界领先的 AI 功能进行集成。
- Power BI 拥有良好的移动端使用体验。
- Power BI 的云端成熟度高。
- Power BI 具有基于用户反馈的机制。
- Power BI 可以打造高性价比的数据文化。

为了帮助读者快速掌握 Power BI，笔者编写了本书。本书从 Power BI 的基础知识开始讲解，然后结合案例介绍数据建模和度量值等进阶提升知识，最后结合综合案例进行项目实战。通过阅读本书，读者能够在较短的时间内掌握 Power BI 的常用功能并应用于实际工作当中，从而提高工作效率和职场竞争力。

本书特色

- **视频教学**：提供配套教学视频，帮助读者高效、直观地学习重点内容。
- **从零开始**：从 Power BI 的安装开始讲解，然后逐步详细介绍 Power BI 的常用功能，入门门槛很低。

- **内容新颖**：书中介绍的 Power BI 的大部分功能采用新发布的版本（截至本书完稿时）进行讲解。
- **经验总结**：全面归纳和整理作者多年的 Power BI 使用实践经验。
- **内容实用**：结合大量实例进行讲解，使读者了解 Power BI 功能的使用场景。

本书内容

第1篇　基础知识

第 1 章 Power BI 概述，首先介绍 Power BI Desktop 的注册和下载，然后对 Power BI 的组件进行介绍，最后介绍如何导入 Power BI Desktop 数据。

第 2 章 Power Query 详解，首先简单介绍 Power Query 的入门知识，然后详细介绍 Power Query 的主页功能区、转换功能区和添加列功能区的相关知识。

第2篇　进阶提升

第 3 章数据建模，首先介绍 Power BI Desktop 数据建模的功能区，然后介绍如何进行数据建模，最后介绍如何创建同义词。

第 4 章度量值，首先介绍度量值的概念，然后介绍如何新建快速度量值，最后介绍新建度量值的常用函数。

第 5 章常用的度量值应用案例，主要介绍日期表制作公式、指定日期同比与环比增值率的计算、在职员工数量的计算、员工本月在职天数的计算、数据预测、新客户和流失客户的判定方法、RFM 模型的计算。

第 6 章制作可视化看板，首先介绍可视化图表的制作，然后介绍可视化的高级功能，接着介绍可视化看板的设计，最后介绍使用者的阅读习惯。

第 7 章 Power BI 在线版，主要介绍在线版的工作界面、角色权限设置、看板的安全性设置、共享看板、仪表板、快速见解的固定、工作区的创建、问与答功能的同义词设置。

第3篇　项目案例实战

第 8 章用 Power BI 制作数据大屏，首先介绍如何连接到 Excel 数据源，然后介绍数据清洗的方法，接着介绍度量值的计算，最后介绍可视化大屏的制作。

第 9 章制作多页面交互式可视化看板实操案例，首先介绍如何连接到 MySQL 数据源，然后介绍数据清洗的方法，最后介绍如何制作多页面交互式的可视化效果。

第 10 章用 Power BI 制作分析报告，首先介绍如何连接到 Web 数据源，然后介绍如何计算度量值，接着介绍如何利用智能叙述功能创建可视化分析看板，最后介绍如何编写分析报告。

本书读者对象

- 数据分析入门人员；
- 商业数据分析从业人员；
- 运营岗位的从业人员；
- 产品岗位的从业人员；
- 人事岗位的从业人员；
- 财务岗位的从业人员；
- 相关培训机构的学员；
- 高校相关专业的学生。

配套资料获取方式

本书涉及的配套教学视频与案例源文件等配套资料需要读者下载。请关注微信公众号"方大卓越"并回复数字"13"，即可获取下载链接。

售后服务

因笔者水平所限，加之写作时间较为仓促，本书中可能还存在疏漏与不当之处，敬请读者批评与指正。您在阅读本书时若有疑问，请发电子邮件（bookservice2008@163.com）获取帮助。

刘鑫

目录

第1篇 基础知识

第 2 篇　进阶提升

第3篇　项目案例实战

第 1 篇
基础知识

第 1 章　Power BI 概述

Power BI 是一款数据分析工具，通过 Power BI 在整个系统中共享可视化数据，也可以将其嵌入应用程序或网站中，用于连接数百个数据源，并通过实时仪表板和看板将数据转化为现实。

本章将介绍注册和下载 Power BI 的方法，并介绍 Power BI 系列组件的操作界面，以及如何将数据导入 Power BI Desktop。

本章的主要内容如下：

- 下载 Power BI 及如何注册账号。
- 初识 Power Query、Power Pivot 和 Power BI Desktop。
- 如何导入 Excel、MySQL 和 Web 数据。

1.1　Power BI Desktop 的注册和下载

本节主要介绍如何下载和安装 Power BI Desktop，以及如何注册账号。有两种方法可以下载和安装 Power BI Desktop。方法一：通过 Microsoft Store 搜索 Power BI Desktop；方法二：登录 Power BI 官方网站进行下载。下面正式开始 Power BI 的学习。

1.1.1　下载 Power BI Desktop 方法 1

登录 Microsoft Store，在搜索框中搜索 Power BI Desktop，然后单击"获取"按钮，如图 1.1 所示。

🔔注意：通过 Microsoft Store 下载的优点是，当 Power BI Desktop 版本更新时，后台将自动更新到最新版本，无须任何手动操作。方法 1 仅适用于 Windows 10 操作系统。如果是 Windows 10 以下的版本，建议用方法 2。

图 1.1　通过 Microsoft Store 下载 Power BI Desktop

1.1.2　下载 Power BI Desktop 方法 2

如果读者的计算机上运行的是 Windows 10 以下的系统，那么只能选择从官网上下载。Power BI Desktop 版本更新很快，通过官网下载的缺点是，如果版本有更新，则需要手动再次下载，非常麻烦。

第二种下载方法需要先登录微软的 Power BI 官网，然后在"产品"下拉列表框中选择 Power BI Desktop，如图 1.2 所示。在"选择语言"下拉列表框中选择"中文（简体）"后，单击右侧的"下载"按钮，如图 1.3 所示，然后选择对应的操作系统，然后单击"下一步"按钮即可，如图 1.4 所示。

图 1.2　从官网找到 Power BI Desktop

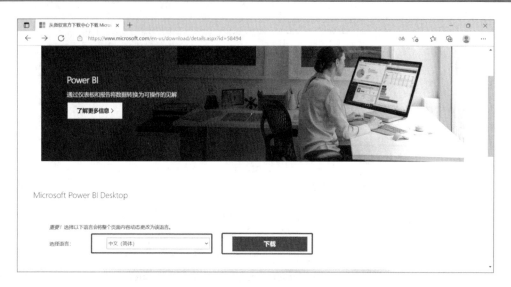

图 1.3　选择语言

🔔注意：语言可以按照自己的需求来选择，这里选择的是中文（简体）。

笔者的计算机是 64 位的，因此下载的是 64 位的安装文件。

图 1.4　选择对应的版本

1.1.3　注册账号方法 1

Power BI 有两种场景下必须注册账号才能使用。第一个场景是把做好的看板发布到互联网上；第二个场景是从 Power BI 的 APPSource 中下载自定义可视化对象。

下面讲解如何注册账号。

（1）登录 Power BI 官方网站，单击"开始免费使用"按钮，如图 1.5 所示。

（2）在进入的页面中单击"免费试用 Power BI"按钮，如图 1.6 所示。

（3）在进入的页面中填写企业邮箱，然后单击"下一步"按钮，如图 1.7 所示。

（4）在进入的页面中填写"个人信息"，然后单击"下一页"按钮，如图 1.8 所示。

注册成功，如图 1.9 所示，单击"开始"按钮后会跳转到 Power BI 网页版。

图 1.5　开始免费使用

图 1.6　免费试用 Power BI

注意：要求用企业邮箱注册，不支持个人邮箱注册。

图 1.7　填写邮箱账号

图 1.8　填写个人信息

图 1.9　注册成功

1.1.4　注册账号方法 2

Power BI 仅支持使用企业电子邮箱进行注册，在没有企业邮箱账号的情况下该如何解决这个问题呢？操作步骤如下：

（1）从手机上下载"钉钉"应用程序，如图 1.10 所示，单击"手机号一键注册"按钮，按照注册流程填写信息。

（2）成功注册后打开钉邮，将会生成你的专属企业邮箱，登录后可以将其更改为任意名称，如图 1.11 所示。

（3）按照 1.1.3 小节的操作步骤注册 Power BI。

注意：企业名称可以任意填写。

图 1.10　手机号一键注册钉钉　　　　　图 1.11　打开钉邮

1.2　Power BI 组件简介

微软的 Power BI 有一系列组件，常用的组件有三个，分别是 Power Query、Power Pivot 和 Power BI Desktop，下面具体介绍。

1.2.1 关系说明

Power BI 是将 Office 各个时代的插件打包成一个独立的软件，它提供了在线版、移动版和桌面版几个版本，更加方便用户使用。Power BI 在日常工作中简称为 PBI。PBI 组件包含 Power Query、Power Pivot、Power View 和 Power Map。Power Query 需要学习 M 语言，Power Pivot 需要学习 DAX（Data Analysis Expressions，数据分析表达式）语言，二者均属于函数式编程，而 Power View 和 Power Map 主要用于数据可视化。

注意：DAX 用于在 Power BI 中创建计算列和度量值，帮助用户进行数据分析。

1.2.2 Power Query 简介

利用 Power Query 可以获取文件、文件夹、数据库和网页等数据，并对数据进行预处理。下面介绍如何在 Excel 和 Power BI Desktop 中找到 Power Query。

注意：Excel 2013 及其以前的版本需要到微软官网上下载 Power Query，Excel 2016 及以上版本均内置了 Power Query。

那么，如何在 Excel 中找到 Power Query 呢？如图 1.12 所示，首先打开 Excel 工作表，然后将光标放在有数据的任意单元格上，在菜单栏中选择"数据"命令，单击其下方的"来自表格/区域"，再单击"确定"按钮，如图 1.13 所示，此时将自动弹出 Power Query 页面，然后就可以在 Power Query 中清洗数据。

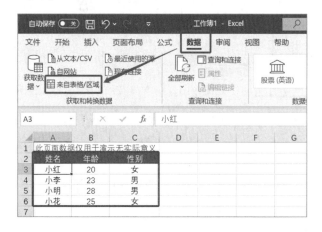

图 1.12　启动 Power Query

注意：鼠标光标不要放在空白单元格上，一定要放在有数据的单元格上。

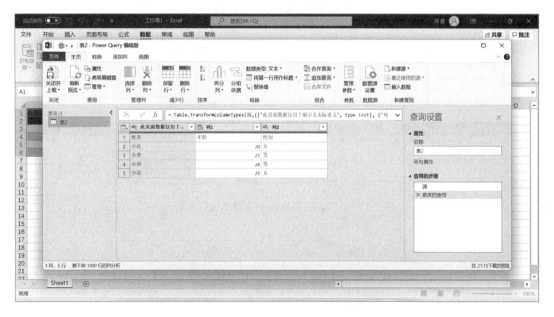

图 1.13　Power Query 在 Excel 中的显示界面

学习了如何在 Excel 中找到 Power Query 后，需要了解如何在 Power BI Desktop 中启动 Power Query。首先，打开 Power BI Desktop，如图 1.14 所示，在左侧的工具栏中选择"建模"工具，在上方的工具栏中选择"转换数据"工具，将会直接跳转到 Power Query 页面。

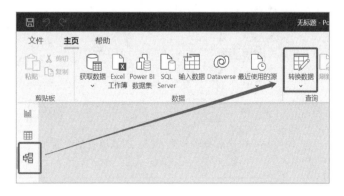

图 1.14　在 Power BI Desktop 中启动 Power Query

1.2.3　Power Pivot 简介

Power Pivot 用于分析和建模，接下来将介绍如何在 Excel 中找到它。

首先选择菜单栏中的"文件"命令，如图 1.15 所示，在进入的页面中选择"选项"|"加载项"命令，在"管理"下拉列表框中选择"COM 加载项"，单击"转到"按钮，如

图 1.16 所示。在弹出的对话框中选择 Microsoft Power Pivot for Excel 复选框，最后单击"确定"按钮，如图 1.17 所示，此时在 Excel 菜单栏中将出现一个 Power Pivot 选项卡，如图 1.18 所示。

注意：如果安装了其他版本的 Power Pivot 加载项，在"COM 加载项"列表中也会列出这些版本。请确保选择用于 Excel 的 Power Pivot 加载项。

图 1.15　在 Excel 菜单栏中选择"文件"命令

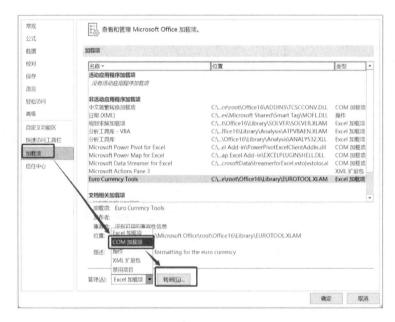

图 1.16　单击加载项找到 COM 加载项所在位置

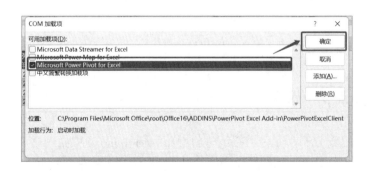

图 1.17　启动时加载 Power Pivot

图 1.18　在工具栏中显示 Power Pivot

1.2.4　Power BI Desktop 简介

Power BI Desktop 脱离了 Excel，它整合了 Power Query 与 Power Pivot 的功能，可以对数据进行动态图表显示和智能分析。启动 Power BI Desktop 后会显示画布、工具栏、图表类型、数据字段、看板视图、数据视图和模型视图等功能区，如图 1.19 所示。

图 1.19　Power BI Desktop 界面

1.3　Power BI Desktop 数据导入

Power BI Desktop 支持不同来源的数据导入和编辑，来源包括文件类（如常用的 Excel、文本和 CSV 等）、数据库类（如 SQL Server 和 MySQL 等）、Power Platform（如 Power BI 数据集等）、Azure（如 Azure SQL 数据库等）、联机服务、其他类（如 Web、ODATA 数据库、R 脚本、Python 脚本等）。当然，也可以通过 Power BI Desktop 的内置功能将数据粘贴到空白表中。

常用的数据源导入方法有：将数据粘贴至空白表中，导入 Excel、Web 或 MySQL 数据。接下来介绍常见的数据源导入方法。

1.3.1　将数据粘贴到空白表中

将数据粘贴到空白表中的操作非常简单。如图 1.20 所示，在菜单栏中单击"主页"下方的"输入数据"按钮，弹出"创建表格"对话框，然后手动输入数据或将数据粘贴到表格区域，然后在"名称"文本框中输入表格名称，单击"加载"按钮。本小节只介绍基本的操作方法，第 4 章将介绍如何使用度量值创建表。

注意：将数据粘贴到空白表的方法建议在数据类型较固定、迭代不频繁的场景中使用。

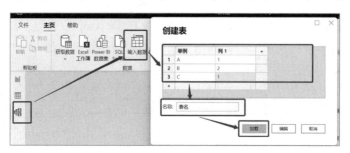

图 1.20　将数据粘贴到空白表的操作方法

1.3.2　导入 Excel 数据

在日常工作中，我们经常使用 Excel 进行数据收集和清理等操作。如何将这些 Excel 数据源导入 Power BI 中进行可视化呢？

在 Power BI Desktop 菜单栏中单击"主页"下方的"Excel 工作簿"按钮，在弹出的"打开"对话框中，选择需要导入的 Excel 数据源文件，然后单击"打开"按钮，如图 1.21 所示，在弹出的"导航器"对话框中选择所需的 Sheet 名称，最后单击"加载"按钮，如图 1.22 所示。

注意：在"导航器"对话框中的 Sheet 名称可单选也可多选后一起加载。

图 1.21　在 Power BI Desktop 中打开 Excel 文件

在日常工作中，当 Excel 文件路径发生变更，再次刷新 Power BI 数据源时会提示错误"无法刷新数据"，如图 1.23 所示。那么如何解决这个问题呢？

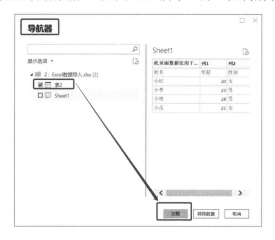

图 1.22　在 Excel 文件中选择需要的 Sheet　　　图 1.23　路径变更后刷新数据源失败

首先单击左侧工具栏中的"模型"按钮，然后选择更换路径的表，在菜单栏中单击"主页"下方的"转换数据"按钮，如图 1.24 所示。在弹出的 Power Query 编辑器页面中选择要更改的路径的表，然后在菜单栏中单击"主页"下方的"数据源设置"，在 "数据源设置"页面上单击"更改源"按钮，弹出"Excel 工作簿"对话框，然后单击文件路径右侧的"浏览"按钮，在弹出的对话框中找到更新路径后的表，单击"打开"按钮，再单击"Excel 工作簿"对话框中的"确定"按钮，如图 1.25 所示。在 Power Query 编辑器窗口中，单击工具栏的"刷新预览"按钮，再单击"关闭并应用"按钮，就成功更换数据路径了，如图 1.26 所示。

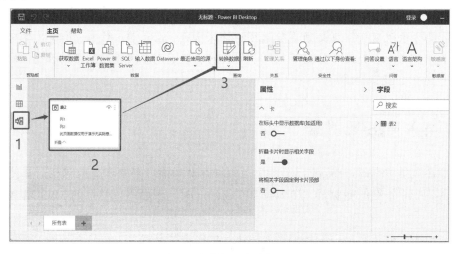

图 1.24　选择更换路径的表

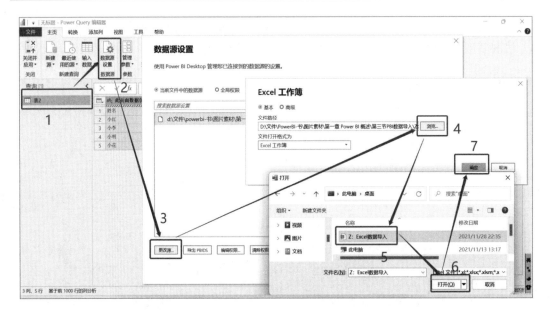

图 1.25　更换数据源

图 1.26　关闭 Power Query 并应用更新后的数据源

🔔**注意**：此方法仅用于解决必须更改路径的特殊情况。在日常工作中，尽量不要轻易更改数据路径。此外，数据源可以添加新列，但不能更改原始名称。否则，刷新数据时仍会提示错误。

1.3.3　导入 MySQL 数据

当存在大量数据时，Excel 已不能满足数据存储和清理等要求，此时就需要使用 SQL 了。那么，如何将 SQL 数据导入 Power BI Desktop 呢？下面将以常用的 MySQL 为例进行讲解。

首先单击左侧工具栏中的"模型"按钮，再单击菜单栏"主页"下方的"获取数据"，在弹出的"获取数据库"对话框中选择"数据库"，在右侧列表框中再选择"MySQL 数据库"，单击"连接"按钮，如图 1.27 所示，弹出"MySQL 数据库"对话框，在文本框中输入服务器名称和数据库名称，单击"确定"按钮，如图 1.28 所示。之后弹出认证对话框，选择"数据库"选项，在文本框中输入用户名和密码，单击"连接"按钮，如图 1.29 所示。连接成功后，会弹出导航器对话框，如图 1.30 所示。在其中选择需要的表，单击"加载"按钮，数据即导入成功。

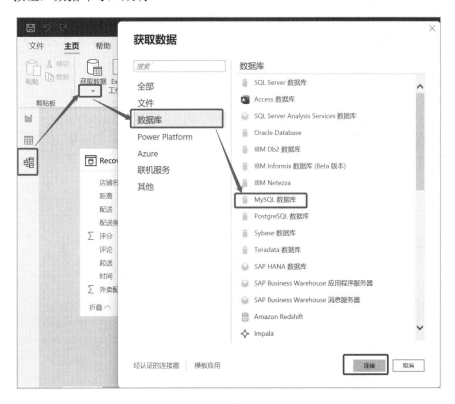

图 1.27　连接 MySQL

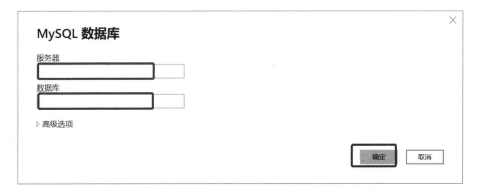

图 1.28　连接需要使用的数据库

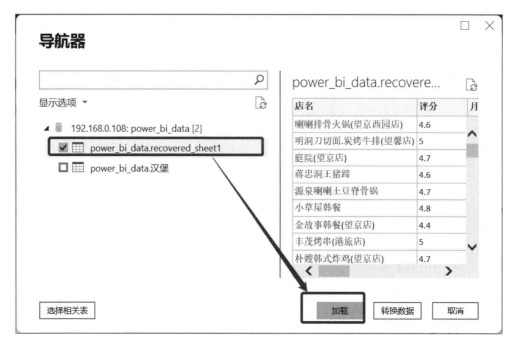

图 1.29　输入用户名和密码连接数据库

图 1.30　连接数据库中的表

🔊注意：第一次单击 MySQL 数据库时可能会出现错误警告"需要安装一个或多个插件才
　　　　能使用"。此时，单击"了解更多"按钮将会跳转到 MySQL 插件下载页面，如

图 1.31 所示，即 Connector/NET 8.0.27 的下载页面，直接下载即可。插件下载完成后，需要重新启动 Power BI Desktop。

图 1.31　下载插件

注意：Connector/NET 8.0.27 需要安装到当前的 MySQL 目录下才能生效，官网默认提供了 Connector/NET 8.0 以上版本供用户下载。

1.3.4　导入 Web 数据

当需要分析一些网络数据时，如何将这些 Web 数据导入 Power BI 呢？本小节以网络上的双色球数据为例，演示如何将其导入 Power BI Desktop。

在菜单栏中，单击"主页"下方的"获取数据"，在 URL 中粘贴"双色球开奖网址"，然后单击"确定"按钮，如图 1.32 所示，在弹出的匿名页面中单击"连接"按钮，如图 1.33 所示，在弹出的"导航器"对话框中查看一下读取的每个表的内容，选择需要的"表"，最后单击"加载"按钮，就会成功地将数据导入 Power BI Desktop 了，如图 1.34 所示。

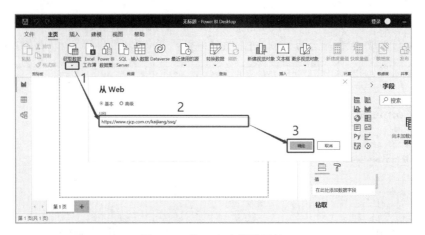

图 1.32　从 Web 中粘贴网址

图 1.33　连接网址

图 1.34　加载数据

第 2 章　Power Query 详解

利用 Power Query 插件的提取、清理和加载数据等功能，非常容易，即使不懂高级计算机语言的人也可以很轻松地完成数据处理。

通过 1.2.2 小节对 Power Query 的介绍，想必读者已经知道，在 Excel 或 Power BI 中都可以使用 Power Query。本章主要介绍如何在 Power BI 中使用 Power Query。

本章的主要内容如下：

- 了解使用 Power Query 的好处及 Power Query 的功能。
- Power Query 的主页功能区。
- Power Query 的转换功能区。
- Power Query 的添加列功能区。

2.1　初识 Power Query

如何将多个工作簿的数据合并到一个表中呢？最"笨"的方法是逐个粘贴，稍微简便一点的方法是使用 VBA 或者 Python 来解决此问题。使用 Power Query 可以简单快速地解决这个问题。本节将介绍学习 Power Query 的好处、Power Query 可以做什么，以及如何在 Power BI Desktop 中找到 Power Query。

2.1.1　为什么要学习 Power Query

学习 Power Query，不需要学习如 VLOOKUP、INDEX、MATCH 和 OFFSET 等函数，也不用学习 VBA 和 Python，仅使用 Power Query 就可以实现与它们相同甚至更复杂的功能。

2.1.2　Power Query 能做什么

使用 Power Query 能进行以下操作：

- 数据获取：将不同来源和不同结构的数据，按统一格式进行横向合并、追加合并和条件合并等。
- 数据转换：将数据转换为期望的结构或格式。例如，将文本格式的日期数据转换为日期格式。
- 数据处理：进行数据预处理，如增加新列、新行或计算列等。
- 数据共享：将数据共享到 Excel、Power Pivot 或 Power BI Desktop 中进行下一步分析。

2.1.3　如何在 Power BI Desktop 中打开 Power Query

通过第 1 章的介绍，我们学习了如何在 Power BI Desktop 中找到 Power Query。这里我们再回顾一下。首先打开 Power BI Desktop，在左侧的工具栏中单击"模型"按钮，单击菜单栏"主页"下方的"转换数据"，如图 2.1 所示，会直接跳转到 Power Query 页面，如图 2.2 所示。

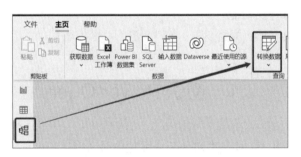

图 2.1　在 Power BI Desktop 中启动 Power Query

图 2.2　Power Query 窗口展示

2.2　详解 Power Query 的主页功能区

在进行数据清洗时，我们经常需要删除或增加行、列数据，更改数据类型或进行数据替换等操作。本节将介绍 Power Query 的"主页"功能区，如图 2.3 所示。

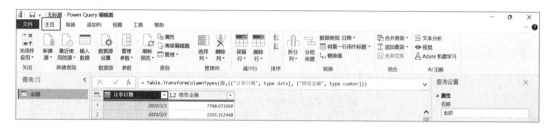

图 2.3　Power Query 主页功能区展示

2.2.1　删除列

如何在 Power Query 中删除多余的数据呢？

如图 2.4 所示，首先选择要删除的字段，然后单击菜单栏中的"删除列"即可。如果意外删除需要保留的列，可以单击右侧工具栏中的"应用的步骤"，然后单击"删除的列"步骤左侧的"×"即可恢复被删除的列，如图 2.5 所示。

注意：如果操作步骤出现错误，可以通过右侧工具栏的"应用的步骤"（见图 2.5）选择需要撤回的步骤，单击该步骤左侧的 × 号即可。

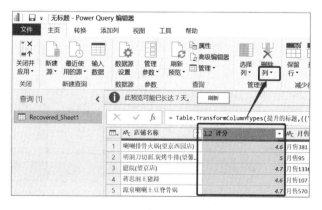

图 2.4　删除列操作展示

图 2.5   撤销删除的列操作展示

注意：单击"删除列"下拉按钮，如果在下拉列表框中选择"删除其他列"，那么除了
　　　选中的列之外，所有列均被删除。当需要删除多列时，在键盘上按 Ctrl 键的同
　　　时选择需要删除的列删除即可，或者单击"选择列"按钮选择要保留的列，然后
　　　删除未选的列即可。

2.2.2　保留或删除行

当只想保留数据源中的个别行数据时，可以使用工具栏中的"保留行"功能。如
图 2.6 所示，在菜单栏中，单击"主页"下方的"保留行"下拉按钮，在其下拉列表框中
将显示"保留最前面几行""保留最后几行""保留行的范围""保留重复项"和"保留错
误"等选项。

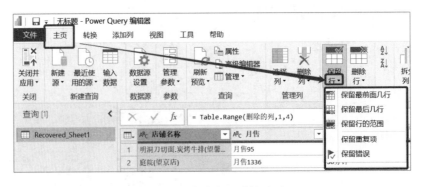

图 2.6   "保留行"功能展示

下面以保留行的范围为例进行讲解，其他操作可参考此例。

如图 2.7 所示，如果想从第二行开始，保留 4 行数据，单击"保留行"下拉按钮，在下拉列表框中选择"保留行的范围"，在弹出的"保留行的范围"对话框中的"首行"文本框内填行号"2"，在"行数"文本框内填写要取多少行，本例填写"4"，最后单击"确定"按钮即可。

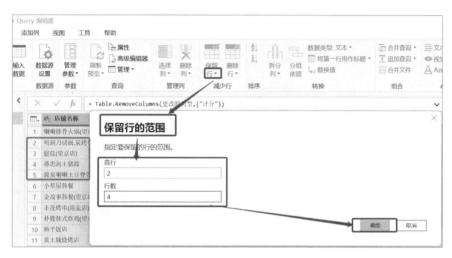

图 2.7　保留行的范围操作展示

同理也可以删除行。如图 2.8 所示，单击"删除行"下拉按钮，在下拉列表框中将会显示"删除最前面几行""删除最后几行""删除间隔行""删除重复项""删除空行""删除错误"等选项。

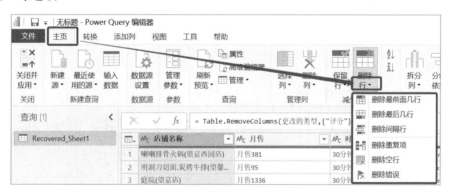

图 2.8　"删除行"功能展示

下面以删除重复项和删除空行为例，其他操作与其类似。

以"删除重复项"为例。如图 2.9 所示，当数据源中存在重复数据时，如何只保留一条数据？此时可以单击"删除行"下拉按钮，在下拉列表框中选择"删除重复项"，可以在数据源中只删除重复的项，如图 2.10 所示，这与使用 Excel 的"删除重复项"功能相同。

如果在数据源中有多个空行，应如何清理数据源呢？如图 2.9 所示，第 6 行是空数据，单击"删除行"下拉按钮，在下拉列表框中选择"删除空行"，就可以将数据源的空行全部删除了，如图 2.11 所示。

图 2.9　数据源展示

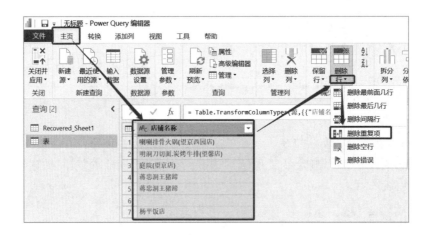

图 2.10　删除重复的数据操作展示

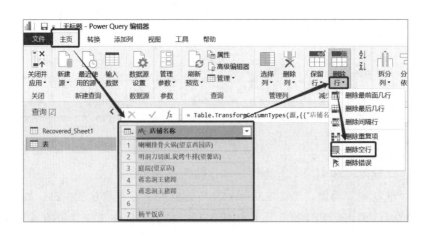

图 2.11　删除空行数据操作展示

2.2.3 分组依据

如果想知道每个客户的总消费金额，那么可以通过 Power Query 功能区的"分组依据"来实现。

如图 2.12 所示，在数据源中，小红和小花都有多次购物的情况，我们想知道每个人的总消费金额。单击工具栏中的"分组依据"，将弹出"分组依据"对话框，默认选择"基本"单选按钮，在下拉列表框中选择分类（这里以姓名为例），在文本框中填写新列名（本例为"客户消费总金额"），在"操作"下拉列表框中选择"求和"，在"柱"下拉列表框中选择"金额"，单击"确定"按钮，如图 2.13 所示，此时即可获得每位客户的消费总金额，如图 2.14 所示。

> 注意：除了求和之外，还可以求平均值等，按需选择即可。

	ABC 姓名	1²₃ 年龄	ABC 性别	ABC 产品	ABC 金额
1	小红	20	女	A	100
2	小李	23	男	C	150
3	小明	28	男	A	20
4	小花	25	女	B	30
5	小花	25	女	A	100
6	小红	20	女	A	100

图 2.12　数据源展示

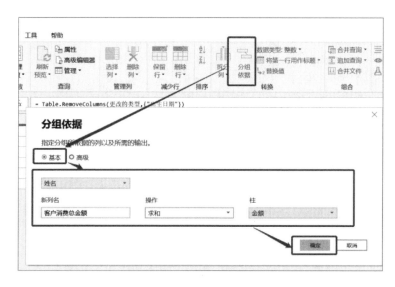

图 2.13　分组依据基本操作展示

图 2.14　每位客户消费总金额结果展示

前面介绍了分组依据的基本功能。下面介绍分组依据的高级功能。

如图 2.12 所示，小花用 100 元买了 A 产品，用 30 元买了 B 产品，小红购买 100 元的 A 产品两次，如何统计客户在不同产品上的消费总金额呢？

首先单击工具栏中的"分组依据"，在弹出的"分组依据"对话框中选择"高级"单选按钮，在下拉列表框中选择"姓名"，单击"添加分组"按钮，然后在下拉列表框中选择"产品"，在"新列名"文本框中填写"客户不同产品消费总金额"，在"操作"下拉列表框中选择"求和"，在"柱"下拉列表框中选择"金额"，单击"确定"按钮，如图 2.15 所示，结果如图 2.16 所示。

🔔注意：添加分组和添加聚合可以增加多个。

图 2.15　"分组依据"高级操作展示

fx = Table.Group(删除的列, {"姓名", "产品"}, {{"客户不同产品消费总金额

	ABC 姓名	ABC 123 产品	1.2 客户不同产品消费...
1	小红	A	200
2	小李	C	150
3	小明	A	20
4	小花	B	30
5	小花	A	100

图 2.16　每位客户对于不同产品的消费金额结果展示

2.2.4　数据类型

数据类型转换是数据清理的常见操作。例如，在源数据中，只想保留小数点后两位数字。再如，源数据中的日期数据为任意格式，希望将其转换为日期格式。如图 2.17 所示，这些功能可以通过 Power Query 工具栏中的"数据类型"来实现。

首先介绍如何将多位小数保留小数点后两位。如图 2.18 所示，单击要处理的数据列的列名，选择菜单栏中的"主页"项，然后单击"数据类型"下拉按钮，在下拉列表框中选择"定点小数"，结果如图 2.19 所示。

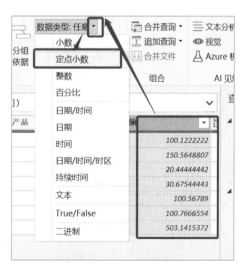

图 2.17　"数据类型"选项展示　　　　图 2.18　定点小数功能操作展示

	✕	✓	fx	= Table.TransformColumnTypes(提升的标题,{{"金额", Currency.Type}})			∨

▦.	ABC 123 年龄	▼	ABC 123 性别	▼	ABC 123 出生日期	▼	ABC 123 产品	▼	$ 金额	▼
1	20		女		2000/12/18		A			100.12
2	23		男		1999/2/8		C			150.56
3	28		男		2002/1/1		A			20.44
4	25		女		1999/11/11		B			30.68
5	25		女		1999/11/11		A			100.57
6	20		女		2000/12/18		A			100.77
7	null		null		null		null			503.14

图 2.19　定点小数功能结果展示

介绍了如何定位小数后，接着介绍如何将小数类型的数据转化成百分比。如图 2.20 所示，单击要处理的数据列的列名，然后选择菜单栏中的"主页"命令，在"数据类型"下拉列表框中选择"百分比"，结果如图 2.21 所示。

图 2.20　将数据类型转化成百分比操作展示

	✕	✓	fx	= Table.TransformColumnTypes(提升的标题,{{"占比", Percentage.Type}})			∨

▦.	ABC 123 性别	▼	ABC 123 出生日期	▼	ABC 123 产品	▼	ABC 123 金额	▼	% 占比	▼
1	女		2000/12/18		A		100.1222222			19.90%
2	男		1999/2/8		C		150.5648807			29.92%
3	男		2002/1/1		A		20.44444442			4.06%
4	女		1999/11/11		B		30.67544443			6.10%
5	女		1999/11/11		A		100.56789			19.99%
6	女		2000/12/18		A		100.7666554			20.03%
7	null		null		null		503.1415372			100.00%

图 2.21　将数据类型转化成百分比结果展示

接着讲解如何将任意格式转换为日期格式。如图 2.22 所示，单击要处理的数据列的列名，然后选择菜单栏中的"主页"命令，在"数据类型"下拉列表框中选择"日期"，结果如图 2.23 所示。

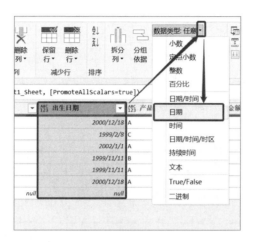

图 2.22　将数据类型转化成日期格式操作展示

图 2.23　将数据类型转化成日期格式结果展示

注意：其他数据类型均可以参考以上例子进行操作。

2.2.5　将第一行作为标题

本节的内容非常简单，如图 2.24 所示，当数据导入 Power BI Desktop 后，第一行是数据源的标题，而不是实际数据。如何使用 Power Query 将第一行转换为 Power BI Desktop 数据的标题呢？解决办法如图 2.25 所示，只需要在工具栏中单击"将第一行用作标题"即可。

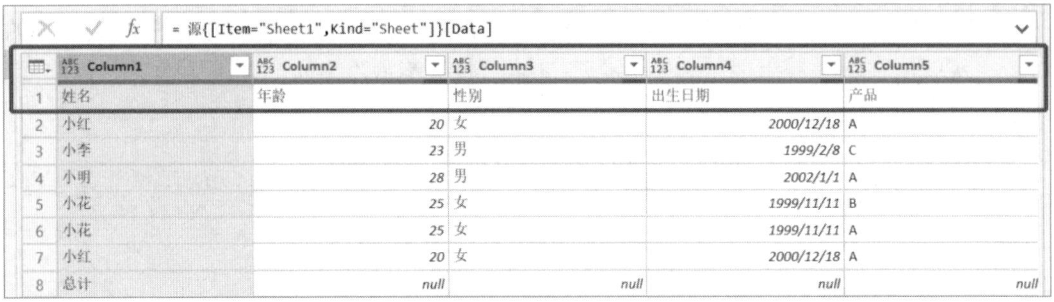

图 2.24 标题在数据第一行的问题展示

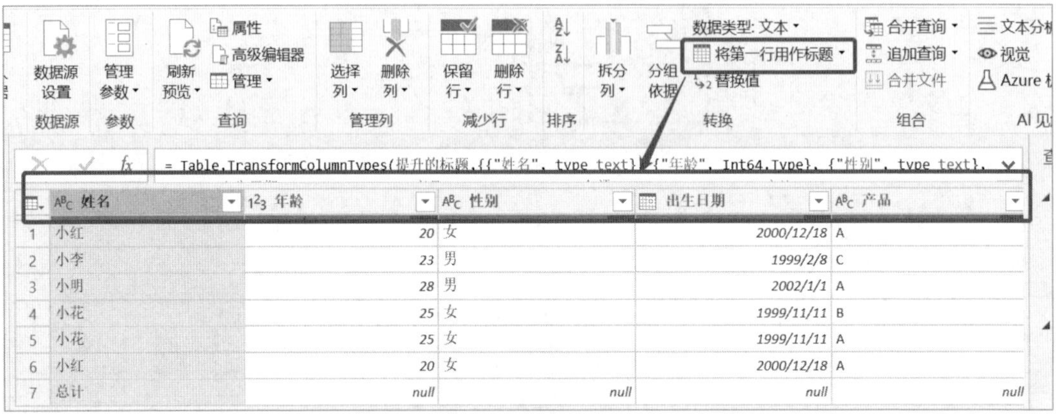

图 2.25 "将第一行用作标题"功能及结果展示

注意：如果出现相反的情况，非标题数据出现在标题行，在"将第一行用作标题"下拉
列表框中选择"将标题行用作第一行"即可。

2.2.6 替换值

在日常工作中有时需要替换数据，在 Excel 中可以通过 Ctrl+H 快捷键来实现。在 Power
Query 中，通过工具栏的"替换值"功能也可以实现。

如图 2.26 所示，单击要处理的数据的列名，在工具栏中单击"替换值"，弹出"替换
值"对话框，在"要查找的值"文本框中填写"男"，在"替换为"文本框中填写"Boy"，
单击"确定"按钮，结果如图 2.27 所示。

注意：女生替换成 Girl 可以参考男生替换成 Boy 的操作方式。此功能相当于在 Excel
中按 Ctrl+H 快捷键进行替换。

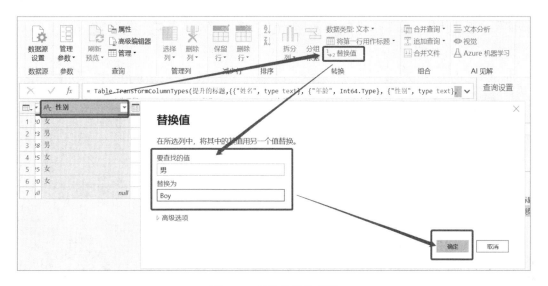

图 2.26　替换值操作展示

图 2.27　替换值结果展示

2.2.7　合并查询

当有两张表需要进行数据匹配时，在 Excel 中一般使用 Vlookup 函数来实现。在 Power Query 中可以使用"合并查询"来实现这个效果。

首先选择一个表(这里以表"1 月"为例)，在菜单栏中选择"主页"，单击工具栏中的"合并查询"按钮，弹出"合并"对话框，选择要合并的表(这里以表"2 月"为例)，单击两表相关联列（在本例中为表"1 月"的姓名列和表"2 月"的姓名列），"联接种类"选择默认的"左外部"即可，单击"确定"按钮，如图 2.28 所示。这时合并的是表"2 月"的 Table 数据，如图 2.29 所示。单击合并的表"2 月"的 Table 列标题右上角的 按钮，在弹出的对话框中选择需要的数据，本例选择"产品"和"金额"，单击"确定"按钮，如图 2.30 所示，此时就会得到想要的合并效果，如图 2.31 所示。

注意：联接种类一般选择"左外部（第一个中的所有行，第二个中的匹配行）"。

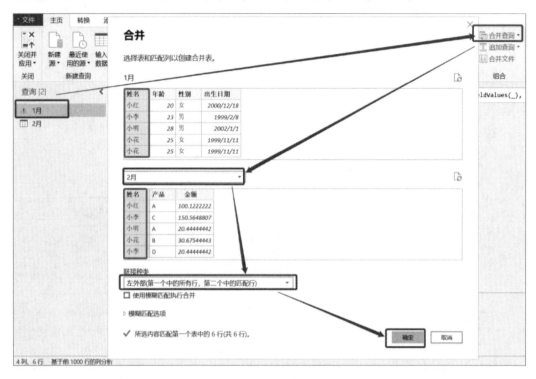

图 2.28　合并查询操作 1

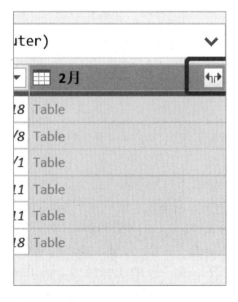

图 2.29　合并查询操作 2

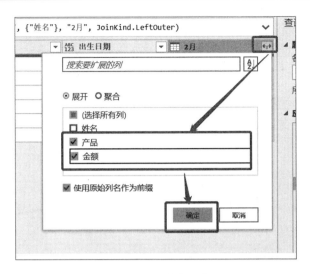

图 2.30　合并查询操作 3

	ABC 123 年龄		ABC 123 性别		ABC 123 出生日期		ABC 2月.产品		1.2 2月.金额	
1	20	女			2000/12/13	A		100.1222222	
2	20	女			2000/12/13	A		100.1222222	
3	23	男			1999/2/8	C		150.5648807	
4	23	男			1999/2/8	D		20.44444442	
5	28	男			2002/1/1	A		20.44444442	
6	25	女			1999/11/11	B		30.67544443	
7	25	女			1999/11/11	B		30.67544443	

`= Table.ExpandTableColumn(合并的查询, "2月", {"产品", "金额"}, {"2月.产品", "2月.金额"})`

图 2.31　合并查询结果展示

2.2.8　追加查询

可以在 Power Query 中使用"追加查询"功能将格式相同的所有表格的数据合并到一张表内。

首先将所有数据导入 Power BI Desktop。如图 2.32 所示，在 Power Query 中选择一个表（本例为表"1 月"）。然后在工具栏中单击"追加查询"，弹出"追加"对话框，默认选择"两个表"单选按钮，如果追加表大于两个，则选择"三个或更多表"单选按钮，在"要追加的表"中选择需要的表（本例为表"2 月"），然后单击"确定"按钮，结果如图 2.33 所示。

🔔注意：追加列表的列名必须一致；追加列表的顺序可以不一致；某张表里独有的列会单独显示。

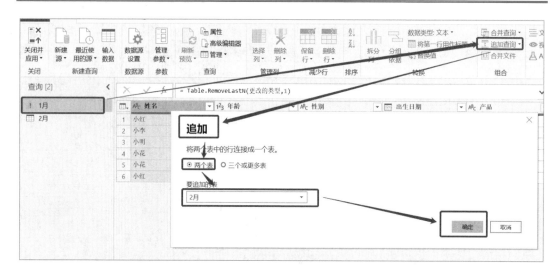

图 2.32　追加查询操作展示

图 2.33　追加查询操作结果展示

2.2.9　如何变更数据源位置

本节主要介绍如何解决数据源路径变更后，当 Power BI Desktop 刷新数据时提示错误的问题，如图 2.34 所示。

首先单击工具栏中的"数据源设置"按钮，在弹出的"数据源设置"对话框中单击"更改源"按钮，弹出"Excel 工作簿"对话框，单击"浏览"按钮，弹出"打开"对话框，在其中选择变更路径后的数据源文件，单击"打开"按钮，再单击"Excel 工作簿"对话框中的"确定"按钮和"数据源设置"对话框中的"关闭"按钮，如图 2.35 所示，最后单击工具栏中的"刷新预览"按钮，成功变更数据路径，如图 2.36 所示。

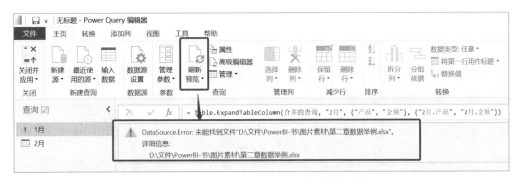

图 2.34　数据源路径变更后刷新数据报错

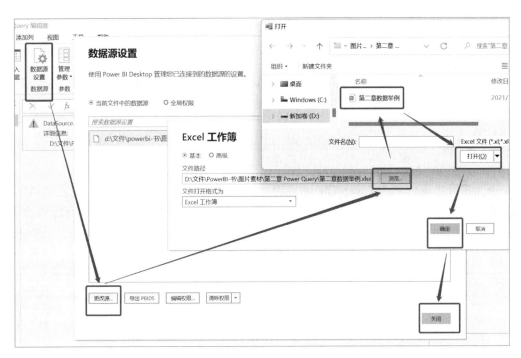

图 2.35　变更数据源路径操作展示

图 2.36　变更数据源路径操作结果展示

2.3　详解 Power Query 的转换功能区

本节将介绍 Power Query 的"转换"功能区的操作，如行列互换，拆分数据，提取数据和数据运算等，如图 2.37 所示。

图 2.37　Power Query "转换"功能区展示

🔔**注意**：可以看到"转换"功能区也有分组依据、将第一行用作标题等"主页"功能区的功能，因此在哪个功能区使用这些功能的效果都是一样的。

2.3.1　转置

下面将介绍如何使用 Power Query 实现行列转换。当我们需要对数据进行行列转换时，如果直接选择菜单栏中的"转换"命令，再单击工具栏中的"转置"按钮，标题将消失，如图 2.38 和图 2.39 所示。那么我们该如何操作呢？

	ABC 姓名	1²₃ 年龄	ABC 性别	出生日期
1	小红	20	女	2000/12/18
2	小李	23	男	1999/2/8
3	小明	28	男	2002/1/1
4	小花	25	女	1999/11/11
5	小花	25	女	1999/11/11
6	小红	20	女	2000/12/18
7	null	null	null	null

fx = Table.TransformColumnTypes(提升的标题,{{"姓名", type text}, {"年龄", Int64.Type}, {"性

图 2.38　转置数据展示

在转置之前，在"转换"功能区中，在"将第一行用作标题"下拉列表框中选择"将标题作为第一行"，将标题中的数据降级到第一行，如图 2.40 所示。原始标题行降级到第一行后，再单击"转置"将成功交换行和列，如图 2.41 所示。

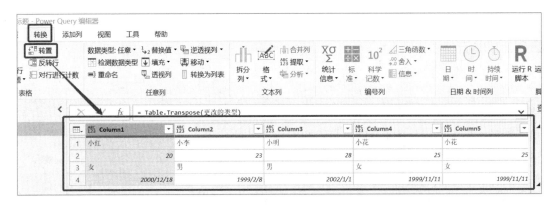

图 2.39　转置失败展示

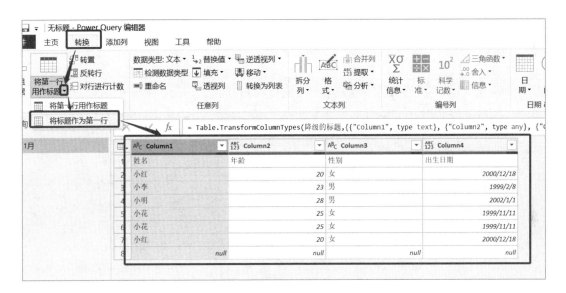

图 2.40　标题降级至第一行操作展示

	ABC Column1	ABC Column2	ABC Column3	ABC Column4	ABC Column5
1	姓名	小红	小李	小明	小花
2	年龄	20	23	28	25
3	性别	女	男	男	女
4	出生日期	2000/12/18	1999/2/8	2002/1/1	1999/11/11

fx = Table.Transpose(更改的类型1)

图 2.41　行列转置效果展示

2.3.2　填充

填充功能相当于以某个单元格为基准，对邻近空单元格进行替换。如图 2.42 所示，当我们的数据源包含合并的单元格时，导入 Power BI Desktop 后会自动将合并的单元格进行拆分，并将值设置为 null，如图 2.43 所示。那么我们如何将 null 值填充成对应的数据呢？

产品	姓名	金额
A	小红	100.1222222
	小明	20.44444442
B	小花	30.67544443
	小王	30.67544443
C	小李	150.5648807
D	小李	20.44444442
	小丽	20.44444442

图 2.42　合并单元格数据源展示

我们可以使用 Power Query 中的填充功能来解决上述问题。首先在菜单栏中选择"转换"，然后选择要补充数据的列，单击工具栏中的"填充"下拉按钮，在下拉列表框中选择"向下"，完成数据填充，如图 2.44 所示。

图 2.43　将数据源导入 Power BI Desktop

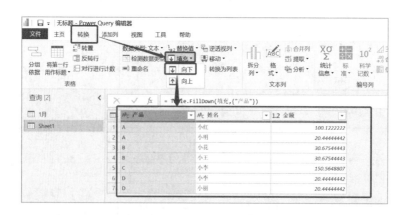

图 2.44　填充功能操作展示

注意：填充数据常规都是选择向下，如果有需要向上填充的时候选择向上即可。

2.3.3　透视列和逆透视列

透视列（Pivot）和逆透视列（Unpivot）是在 Excel 中经常使用的一种数据聚合和拆分方法，在 Power Query 中也提供了同样的功能。

首先讲解透视列。数据透视列能够将行数据转换为列数据，操作方法是，先在菜单栏中选择"转换"，然后单击工具栏中的"透视列"按钮，弹出"透视列"对话框，在"值列"下拉列表框中选择需要计算的列名（本例为金额），"高级选项"点开后，在"聚合值函数"下拉列表框中选择所需的计算方法（在本例中为求和），全部选择后单击"确定"按钮，如图 2.45 所示，结果如图 2.46 所示。

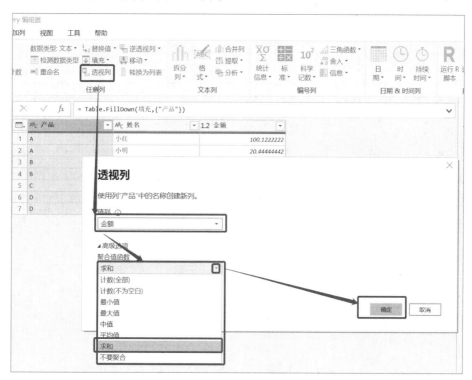

图 2.45　透视列功能操作展示

逆透视列与透视列的操作相反，它可以将列转换为行。目前，Power Query 对逆透视列操作提供了三个选项，区别如下：

- 逆透视列：后台调用了 M 语言中的 Table.UnpivotOtherColumns 函数。该操作意味着对当前列进行逆透视操作，列中数据将被转换成行，未选中列保持不变。

- 逆透视其他列：后台也是调用了 M 语言中的 Table.UnpivotOtherColumns 函数，是逆透视列操作的反选操作。该操作意味着对选中列以外的其他列进行逆透视操作，选中列保持不变。
- 仅逆透视选定列：后台调用了 M 语言中的 Table.UnpivotColumns 函数。该操作意味着仅对当前选中列进行逆透视操作。

图 2.46　透视列功能结果展示

基于透视列功能使用的讲解，笔者制作了一个二维表，其中列是"姓名"，行是"产品"，如何将这个二维表做成一维表呢？我们可以在 Power Query 中通过菜单栏的"转换"功能区的"逆透视列"来实现。首先单击数据中的"产品"列，然后选择菜单栏中的"转换"，在工具栏的"逆透视列"下拉列表框中选择"逆透视其他列"，如图 2.47 所示，结果如图 2.48 所示。

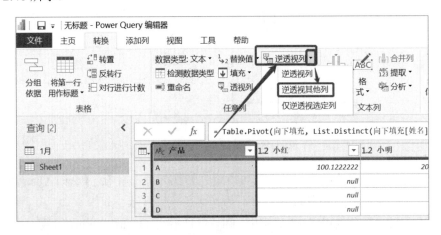

图 2.47　逆透视列功能操作展示

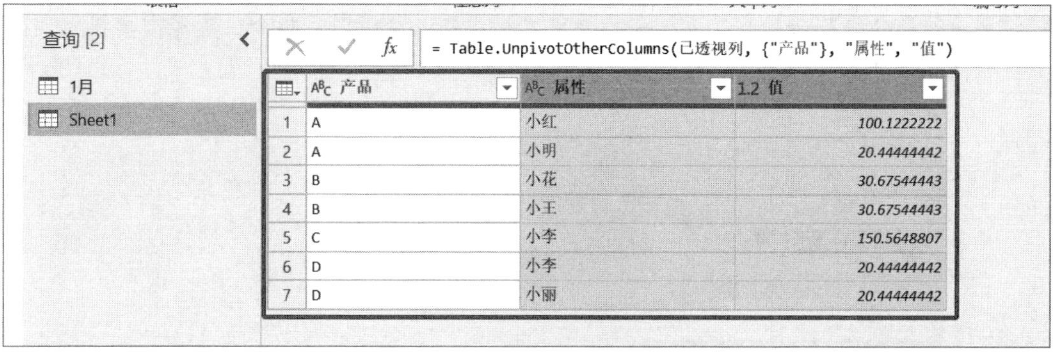

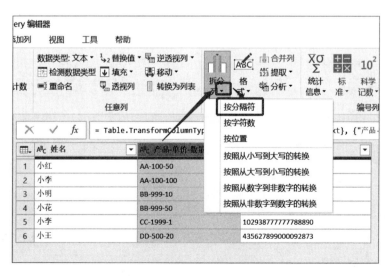

图 2.48 逆透视列功能结果展示

2.3.4 拆分列和提取数据

裁剪和分割数据是数据清洗中的常见步骤。我们可以使用 Power Query 的拆分列功能，将示例中的"产品_单价_数量"列拆分为三列数据。

首先选择要拆分的列，然后选择菜单栏中的"转换"，在工具栏中的"拆分列"下拉列表框中选择"按分隔符"选项，如图 2.49 所示，弹出"按分隔符拆分列"对话框，本例选择"自定义"选项，然后在文本框中输入分隔符（本例使用"-"），在拆分位置中选择"每次出现分隔符时"单选按钮，最后单击"确定"按钮，如图 2.50 所示，操作结果如图 2.51 所示。在图 2.49 中，"按字符数"和"按位置"可通过引用"按分隔符"进行拆分。

图 2.49 按分割符拆分列操作 1

注意：如果分隔符选择自定义，需要在文本框中输入分隔符，拆分位置等需要根据实际情况进行更改。

图2.50　按分割符拆分列操作2

图2.51　按分割符拆分列结果展示

现在我们已经完成了数据拆分，接下来介绍一下如何提取数据。

首先介绍如何计算字符串长度。首先选择要提取数据的列，然后选择菜单栏中的"转换"命令，在"提取"下拉列表框中选择"长度"选项，如图 2.52 所示，结果如图 2.53所示。

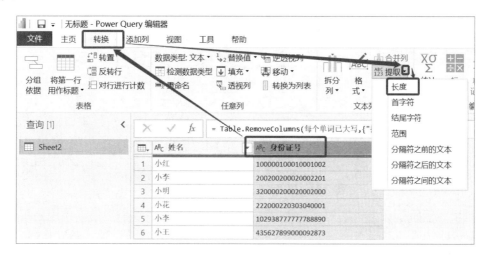

图 2.52　计算字符串长度操作展示

图 2.53　计算字符串长度结果展示

接下来介绍如何根据"首字符"提取数据。例如，提取身份证号码前 5 位的数据，选择要提取数据的列，选择菜单栏中的"转换"命令，在"提取"下拉列表框中选择"首字符"，如图 2.54 所示，弹出"提取首字符"对话框，在"计数"文本框中输入"5"，单击"确定"按钮，如图 2.55 所示，结果如图 2.56 所示。

注意：在"计数"文本框中输入"5"是由于笔者想取前 5 位数据进行展示，读者可以按照实际需要输入"计数"的数据。

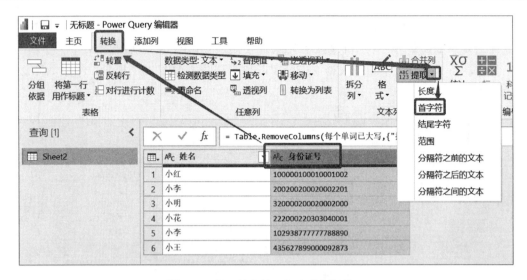

图 2.54　按"首字符"提取数据操作 1

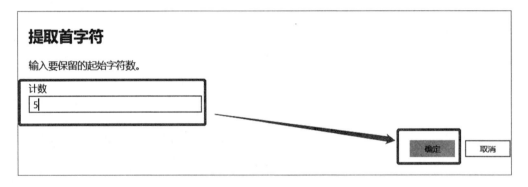

图 2.55　按"首字符"提取数据操作 2

图 2.56　按"首字符"提取数据操作结果展示

2.3.5　格式调整

在进行数据清洗时，需要将数据进行大小写转换或添加前缀或后缀等，可以通过 Power Query 的"格式"功能来实现。

下面介绍一下如何将首字母从小写转换为大写。选择要调整的列，选择菜单栏中的"转换"命令，在"格式"下拉列表框中选择"每个字词首字母大写"，如图 2.57 所示，结果如图 2.58 所示。

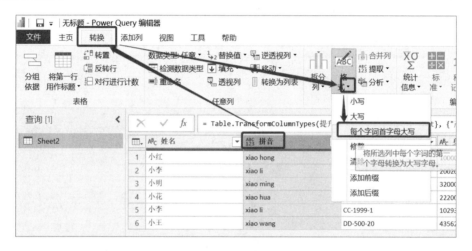

图 2.57　调整数据格式操作展示

	ABC 姓名	ABC 拼音	ABC 产品-单价-数量	ABC 身份证号
1	小红	Xiao Hong	AA-100-50	100001000010001002
2	小李	Xiao Li	AA-100-100	200200200020002201
3	小明	Xiao Ming	BB-999-10	320002000020002000
4	小花	Xiao Hua	BB-999-50	222000220303040001
5	小李	Xiao Li	CC-1999-1	102938777777788890
6	小王	Xiao Wang	DD-500-20	435627899000092873

图 2.58　调整数据格式结果展示

2.4　详解 Power Query 的添加列功能区

前面介绍的数据清洗是直接处理原始数据。事实上，我们还可以通过在 Power Query 中添加新列来保留原始数据。

2.4.1　自定义列

如图 2.59 所示，我们知道每个客户购买了哪些产品、产品单价及购买数量。此时我们可以通过"自定义列"功能添加一列来计算"销售金额"。

如图 2.60 所示，在菜单栏中选择"添加列"命令，在工具栏中单击"自定义列"按钮，弹出"自定义列"对话框。在"新列名"的文本框中输入"销售额"，在"自定义列公式"文本框中输入"=[单价]*[数量]"，单击"确定"按钮，结果如图 2.61 所示。

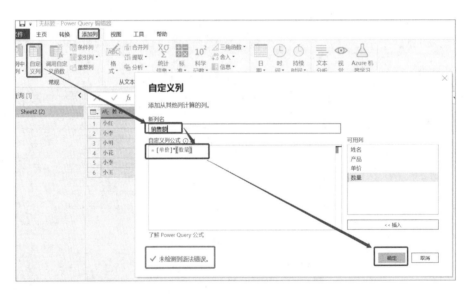

图 2.59　问题展示

图 2.60　自定义列操作步骤展示

🔔注意：输入公式并生成列后，如果未发生错误，"自定义列"窗口底部的指示器会显示绿色选中标记，并显示"未检测到语法错误"。如果发生语法错误，则会显示黄色警告图标并且会指向在公式中发生错误的位置。

	f_x	= Table.AddColumn(更改的类型, "销售额", each [单价]*[数量])			
	ABC 姓名	ABC 产品	1²₃ 单价	1²₃ 数量	ABC 123 销售额
1	小红	AA	100	50	5000
2	小李	AA	100	100	10000
3	小明	BB	999	10	9990
4	小花	BB	999	50	49950
5	小李	CC	1999	1	1999
6	小王	DD	500	20	10000

图 2.61　自定义列操作步骤结果展示

2.4.2　条件列

当我们要根据销售额增加一列"用户类别"标签，如将销售额小于等于 5 000 的客户标记为 C 类客户，销售额大于 5 000 且小于等于 10 000 的客户标记为 B 类客户，销售额大于 10 000 的客户标记为 A 类用户时，可以使用 Power Query 中的"条件列"功能来实现。

如图 2.62 所示，首先选择菜单栏中的"添加列"，然后单击工具栏中的"条件列"，弹出"添加条件列"对话框。在"新列名"文本框中填写"用户标签"，在 if 条件 1 语句中选择需要的"列名""运算符"，在"值"文本框中输入对应的数值，在"输出"文本框中输入对应的内容，单击 if 下面的"添加子句"按钮，出现 Else if 文本框，在 Else if 条件 2 语句中选择需要的"列名""运算符"，在"值"下方的文本框中输入对应的条件数值，在"输出"文本框中输入对应的内容，在 ELSE 中输入如果不满足条件 1 和条件 2，其他的数据输出的标签（这里为 B 类用户），最后单击"确定"按钮，结果如图 2.63 所示。

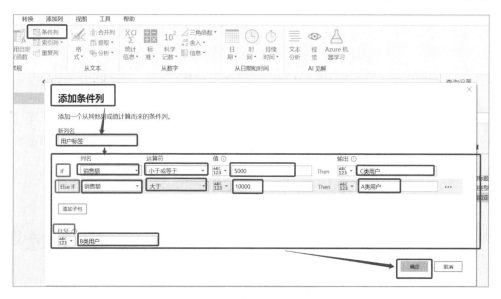

图 2.62　添加条件列操作步骤展示

🔔**注意**：如果还有判断 3、判断 4、判断 5 或者更多单击下面的"添加子句"按钮即可。

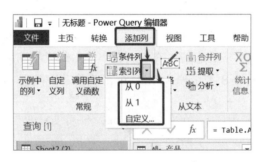

图 2.63　添加条件列操作结果展示

2.4.3　索引列

为什么要创建索引列呢？通过创建唯一的索引，可以确保数据表每行数据的唯一性，有助于后续进行数据分析。

添加索引列的操作步骤非常简单，如图 2.64 所示，在菜单栏中选择"添加列"命令，在"索引列"下拉列表框中选择"从 0"，结果如图 2.65 所示。

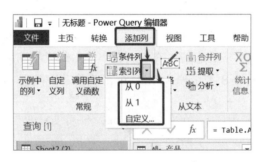

图 2.64　添加索引操作步骤展示

图 2.65　添加索引操作结果展示

🔔注意：在实际工作中，前期在清洗数据时我们无须用 Power Query 增加索引，后期工作中需要用到索引时可以使用度量值增加索引。

2.4.4　重复列

在数据清理过程中，为了便于以后的分析和数据检索，需要复制某一列数据，此时可以使用 Power Query 中的重复列功能来实现。

操作步骤也非常简单，如图 2.66 所示，首先选择要复制的列，然后选择菜单栏中的"添加列"命令，再单击工具栏中的"重复列"即可，结果如图 2.67 所示。

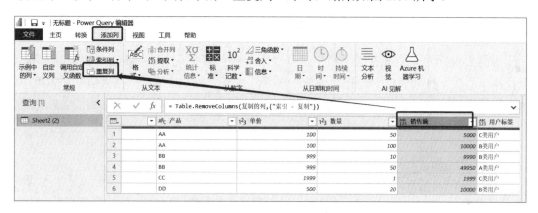

图 2.66　重复列操作步骤演示

图 2.67　重复列操作结果展示

2.4.5　标准与科学记数

首先介绍一下菜单栏中"添加列"下的"标准"工具，如图 2.68 所示。使用"标准"工具可以进行加法、减法、乘法、除法、取模和百分比等基本运算。下面使用"标准"工具进行加法运算，其他运算的操作可以参考本例。

图 2.68 "标准"工具功能介绍展示

如图 2.69 所示，首先在菜单栏中选择"添加列"命令，然后单击工具栏中的"标准"下拉按钮，在下拉列表框中选择"添加"选项，弹出"加"对话框，在"值"文本框中输入整列需要统一相加的数字（本例为 10），最后单击"确定"按钮，结果如图 2.70 所示。

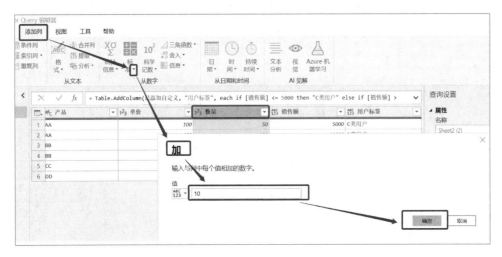

图 2.69 "标准"工具的"添加"功能展示

图 2.70 "标准"工具的"添加"功能结果展示

然后介绍一下"科学记数"工具的用法。如图 2.71
所示，通过"科学记数"工具可以进行绝对值、
幂、平方根、指数、对数和阶乘计算，下面以求
绝对值为例进行演示，其他运算的操作方法可以
参考本例。

图 2.71　"科学记数"工具功能展示

如图 2.72 所示，我们想将表中与去年相比的负增
长改为绝对值。首先选择要处理的列，然后选择菜单
栏的"添加列"命令，在工具栏的"科学记数"下拉
列表框中选择"绝对值"选项，如图 2.73 所示，结果
如图 2.74 所示。

	^{ABC} 姓名	^{ABC} 产品	^{123} 去年销量	^{123} 今年销量	^{123} 对比去年增长个数
1	小红	AA	60	50	-10
2	小李	AA	150	100	-50
3	小明	BB	9	10	1
4	小花	BB	50	50	0
5	小李	CC	0	1	1
6	小王	DD	15	20	5

图 2.72　问题展示

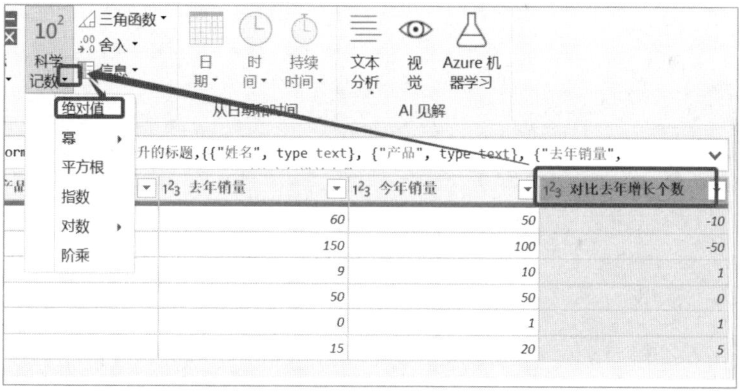

图 2.73　"科学记数"工具"绝对值"功能操作展示

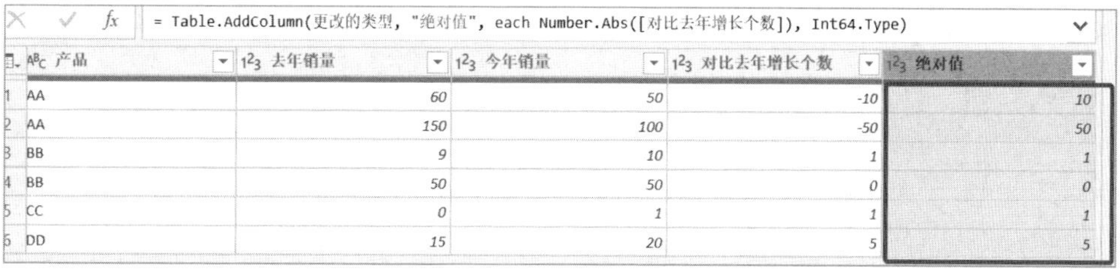

= Table.AddColumn(更改的类型, "绝对值", each Number.Abs([对比去年增长个数]), Int64.Type)

	^{ABC} 产品	^{123} 去年销量	^{123} 今年销量	^{123} 对比去年增长个数	绝对值
1	AA	60	50	-10	10
2	AA	150	100	-50	50
3	BB	9	10	1	1
4	BB	50	50	0	0
5	CC	0	1	1	1
6	DD	15	20	5	5

图 2.74　"科学记数"工具"绝对值"功能结果展示

第 2 篇
进阶提升

第3章 数据建模

Power BI Desktop 的数据建模功能与 Excel 的 Power Pivot 插件功能基本相同。例如，当我们需要搜集多个表中的数据，执行一些复杂的数据分析任务时，为了保证分析结果的准确性，需要在数据表之间建立连接。本章将介绍 Power BI Desktop 的数据建模功能。

本章的主要内容如下：

- 如何在 Power BI Desktop 中找到数据建模功能。
- 如何进行数据建模。
- 创建同义词。

3.1　数据建模基础操作

本节首先介绍如何查看关系视图，然后介绍如何创建表之间的关系，接着介绍如何删除表及表之间的关系，最后介绍如何隐藏报表和报表中的列。

3.1.1　如何找到关系视图

如图 3.1 所示，打开 Power BI Desktop 后，单击画布左侧工具栏中的"模型"按钮，可以看到表示每个表的列和行关系的模型视图。

3.1.2　如何创建表之间的关系

如图 3.2 所示，如果要创建表之间的关系，可以将"产品 id"字段拖曳到订单表的"产品 id"字段，结果如图 3.3 所示。

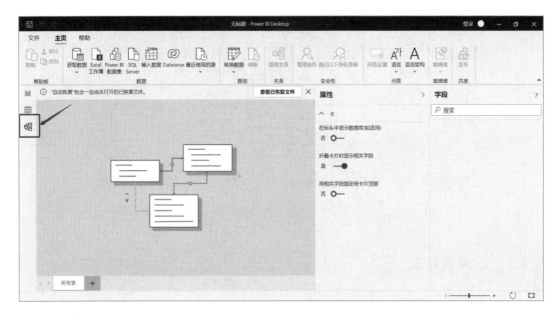

图 3.1　数据建模的功能区展示

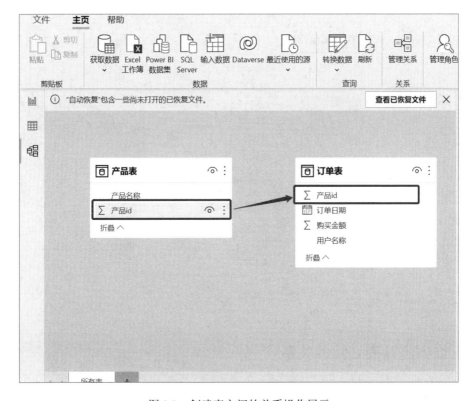

图 3.2　创建表之间的关系操作展示

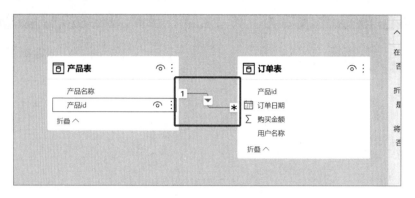

图 3.3　创建关系结果展示

3.1.3　如何删除表

如果导入了多余的表，应该如何删除呢？如图 3.4 所示，选择要删除的表并单击鼠标右键，在弹出的快捷菜单中选择"从模型中删除"命令即可。

图 3.4　删除表操作展示

3.1.4　如何删除表之间的关系

如图 3.5 所示，如果要删除表之间的关系，可以右键单击表之间的"关系线"，在弹出的快捷菜单中选择"删除"命令即可。

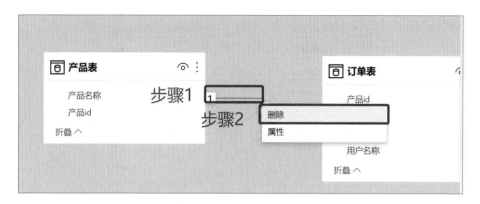

图 3.5　删除表之间的关系线操作展示

3.1.5　如何隐藏报表

隐藏表操作与删除表类似，如图 3.6 所示，右键单击要隐藏的表，在弹出的快捷菜单中选择"在报表视图中隐藏"命令即可。

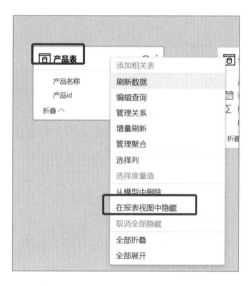

图 3.6　隐藏报表操作展示

3.1.6　如何隐藏报表中的列

如图 3.7 所示，如果要隐藏报表中的列，可以在关系视图中右键单击要隐藏的列，然后在弹出的快捷菜单中选择"在报表视图中隐藏"命令即可。

图 3.7　隐藏报表中的列操作展示

3.2　编辑与管理表关系

在 Power BI Desktop 中，关系（Relationship）是指数据表之间的基数（Cardinality）和交叉筛选方向（Cross Filter Direction）。本节将对这些概念进行介绍。

3.2.1　设置基数

基数关系类似于关系表的外键引用，二者都通过两个数据表之间的单个数据列进行关联，该数据列称为查找列。两个数据表之间的基数关系是一对一、一对多或多对一。基数关系的含义如下：

- 多对一 $(N : 1)$：是最常见的默认类型。这意味着一个表中的列可具有一个值的多个实例，而另一个相关表（常称为查找表）仅具有一个值的一个实例。
- 一对一 $(1 : 1)$：这意味着一个表中的列仅具有特定值的一个实例，而另一个相关表也是如此。

例如，如果产品表和订单表之间的基数关系为 $1 : N$，则产品表是订单表的查找表，订单表称为引用表。如何在两个表之间建立 $1 : N$ 的关系呢？如图 3.8 所示，右键单击两个表之间的关系线，在弹出的快捷菜单中选择"属性"命令，弹出"编辑关系"对话框，在"基数"下拉列表框中选择"1 对多（1 : *）"，然后单击"确定"按钮，如图 3.9 所示。

🔔注意：在查找表中，查找列的值是唯一的，不允许存在重复值，而在引用表中，查找列的值并不是唯一的。

图 3.8　右键单击两个表之间的关系线

图 3.9　基数一对多操作展示

　　筛选方向是筛选的流向，这意味着一个筛选条件会过滤其他相关表。例如，"产品表"对"订单表"过滤，过滤方向可以是双向的也可以是单向的。在该例中以"单一"方向为例。如图 3.10 所示，右键单击两表之间的关系线，选择快捷菜单中的"属性"命令，在弹出的对话框中选择"交叉筛选器方向"下拉列表框中的"单一"选项。

　　注意：双向是默认方向，意味着为了筛选，两个表被视为同一个表，两个表可以互相筛选。
　　　　　单向表示一个表只能对另一个表进行筛选，不能反向过滤。

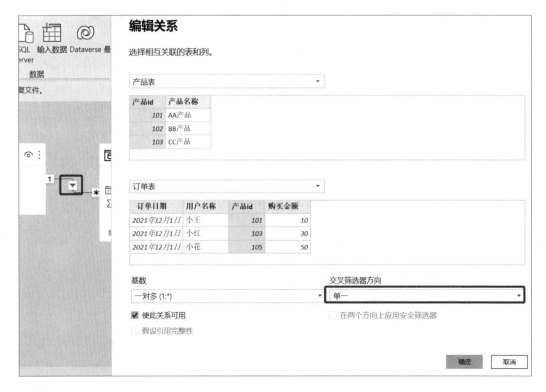

图 3.10　筛选方向操作展示

🔊注意：如果不知道如何设置筛选关系，请遵守"保持单一筛选方向的一对多关系"原则。保持关系仅限于多对一或一对多。保持筛选器方向仅限于单一。

3.2.2　设置双向筛选关系

在数据模型中，通过在 Power BI 中启用表之间的双向筛选再配合度量值，可以实现"事实表"筛选或计算"维度表"。

🔊注意：维度表一般是对事实的描述，如用户、商品、日期和地区等。事实表中的每行数据代表一个业务事件（如下单、支付、退款和评价等）。"事实"这个术语表示业务事件的度量值（可统计次数、个数、件数和金额等），如订单事件的下单金额。

在星型结构中间有一个引用表，其周围有多个查找表。引用表和查找表之间的筛选关系是双向的，如图 3.11 所示。

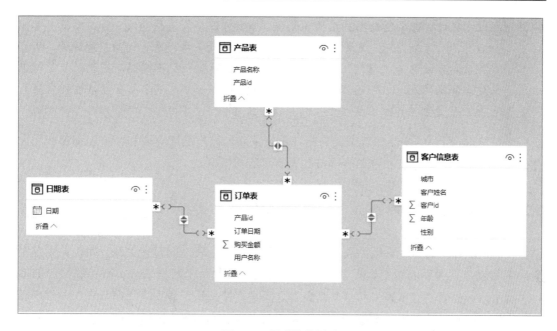

图 3.11　星型结构展示

双向筛选通常用于星型结构，是默认的方向，但是双向筛选不适用于如图 3.12 所示的关系图中的雪花模型。在此模型中，筛选方向形成一个循环。对于此类关系模型，双向筛选将创建一组语义不明的关系。例如，要获取"订单表"中某个字段的总和，如果按照产品库存表中的某个字段进行筛选，那么筛选器应如何流动，是通过顶部表还是底部表呢？

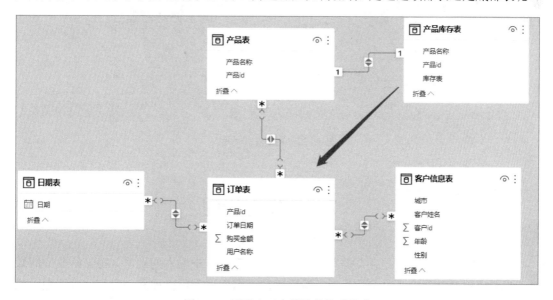

图 3.12　不适合双向筛选的关系模式

🔔**注意：** 如果双向筛选导致数据关系的多义性，那么可以导入表格两次（第二次使用其他名称）以消除循环。这会产生类似于星型结构的关系模式，借助星型结构，所有关系均可设置为"双向"。常见的模型为星型模型和雪花模型，星型模型是将维度表和事实表通过字段直接相连，雪花模型是有一个或多个没有直接连到事实表上，而是通过其他维度表连接到事实表上。

如图 3.12 所示的产品库存表没有与订单表关联，而产品库存表和订单表都和产品表有关联，因此产品库存表和订单表因产品表有了间接关联。

3.2.3　创建间接关系

在 Power BI Desktop 看板的关系中，直接关系是两个表之间直接关联，间接关系是指通过中间表建立关系的两个数据表。与间接关系关联的两个数据表没有直接联系。如图 3.13 所示，数据表"订单表"与"产品表"之间是直接关系，数据表"产品表"与"产品库存表"之间是直接关系，数据表"订单表"与"产品库存表"通过"产品表"建立间接关系。间接关系可以通过一系列具有直接关系的数据表实现数据交互，这是由 Power BI Desktop 自动实现的，用于创建复杂的数据模型。

🔔**注意：** 在数据建模中使用间接关系时务必谨慎，Power BI Desktop 对 Filter 选项的全选和不选的处理是有区别的。

图 3.13　间接关系展示

3.3　创建同义词

Power BI 在线版具有"问与答"的功能。当在搜索框中输入问题时，将显示相应的数据。当原字段名称为"产品名称"时，输入"产品名"是否可以搜索到对应的数据呢？或者当原字段名称为"日期"，输入 month 时可否搜索到对应的数据呢？我们可以使用 Power

BI Desktop 中的"同义词功能"来实现这个需求。

　　如图 3.14 所示，在左侧的工作栏中选择"模型"，选择表中需要设置同义词的字段后，在右侧的"属性"中可以看到"同义词"文本框，在其中输入要设置的同义词即可。

🔔注意：如果需要设置多个同义词，如将"产品名称"设置为"产品名"或 Product Name，
　　　　在"同义词"的文本框中输入所有同义词，然后用英文逗号分隔每个单词即可。
　　　　问与答功能将会在第 7 章中进行介绍，这里只介绍如何设置同义词。

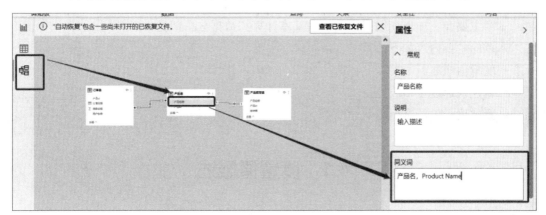

图 3.14　设置同义词操作展示

第 4 章 度 量 值

本章主要介绍如何使用度量值解决基本计算和数据分析问题。

本章的主要内容如下：

- 度量值概述。
- 新建快速度量值。
- 新建度量值的常用函数。

4.1 度量值概述

微软在开发 DAX 时从 Excel 中移植了许多函数，它们拥有相同的名称，而且其参数具有相似的用法。本节介绍度量值的相关知识。

度量值是公式或表达式中的函数、运算符或常量的集合，它可用于计算和返回一个或多个值。简单地说，度量值可以帮助开发者从模型已有的数据中创建新信息。

通过度量值，我们可以把各种抽象指标对应成具体的度量值对象，再与各个视觉对象所提供的计值相结合，从而达到"一次定义，重复使用"和"自动计算"的效果。

4.2 新建快速度量值

许多常见的计算都可以使用"快速度量功能"，该功能可以快速生成常用的表达式。快速计算功能对学习或发布自定义度量值非常有帮助。

本节将介绍如何创建新的快速测量功能，实现聚合、筛选、时间智能、总计等运算。

4.2.1 每个类别的聚合

可以通过快速度量实现各个类别的聚合。如图 4.1 所示，右键单击数据所在的表名，在弹出的快捷菜单中选择"新建快速度量值"命令，将会弹出如图 4.2 所示的对话框，在

"计算"下拉列表框中，在"每个类别的聚合"类别中选择所需的函数。本例选择"每个类别的平均值"和"每个类别的最大值"选项。"各类别的差异""各类别的最小值""各类别的加权平均值"选项操作可以举一反三参考本例。

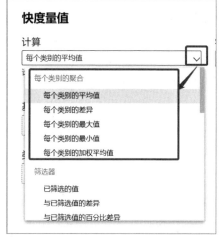

图 4.1　选择"新建快速度量值"命令　　　　图 4.2　找到"每个类别的聚合"类别

按照以上两步，找到快速测量的"每个类别的聚合"类别，如图 4.3 所示。在"计算"下拉列表框中选择"每个类别的平均值"选项，在"基值"下拉列表框中选择"购买金额的总和"，在"类别"下拉列表框中选择"产品名称"，然后单击"确定"按钮，效果如图 4.4 所示。

🔔注意：在如图 4.3 所示的操作中，"基值"选择要计算的字段，"类别"选择要分类的字段。这里以每个产品购买金额的平均值举例，"基值"选择"购买金额的总和"，"类别"选择"产品名称"。在图 4.4 中，度量值的名称可以在公式的"="号前面直接修改，按照自己的需求进行更改即可。

在"基值"下拉列表框中不仅可以选择求和，也可以选择计数、去重计数和求平均值等选项，如图 4.3 中浅色的箭头所示，只要单击"基值"选项右侧的下拉按钮即可。

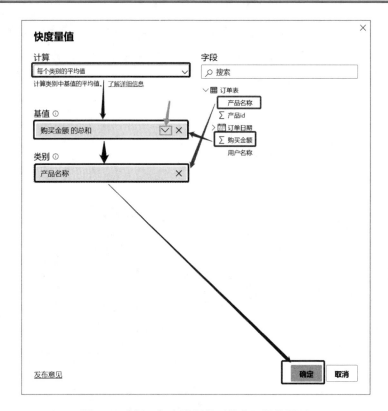

图 4.3　选择"每个类别的平均值"操作展示

图 4.4　选择"每个类别的平均值"效果

同样，如果需要计算每个类别的最大值，按照上述操作步骤进入"快度量值"对话框（如图 4.5 所示），在"计算"下拉列表框中选择"每个类别的最大值"选项，在"基值"下拉列表框中选择"购买金额的总和"，在"类别"下拉列表框中选择"产品名称"，最后单击"确定"按钮，效果如图 4.6 所示。

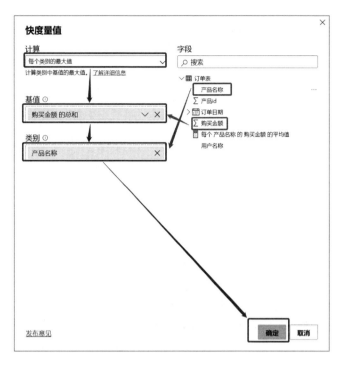

图 4.5　选择"每个类别的最大值"

图 4.6　选择"每个类别的最大值"效果

4.2.2　筛选器

与"每个类别的聚合"的操作步骤一样，首先右键单击"表名"，在弹出的快捷菜单中选择"新建快速度量值"命令，弹出"快度量值"对话框。在"计算"下拉列表框中找到"筛选器"，在下拉列表框中将滑块下滑到"筛选器"类别，如图 4.7 所示。可以看到，"筛选器"中包括"已筛选的值""与已筛选值的差异""与已筛选值的百分比差异""新客户的销售额"几个选项，这里以"已筛选的值"和"新客户的销售额"为例进行演示。

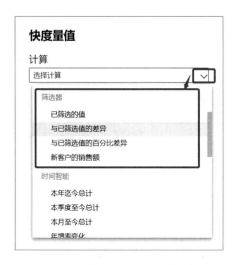

图 4.7　找到"筛选器"类别

　　按照前面的操作步骤进入"快度量值"对话框，如图 4.8 所示，在"计算"下拉列表框中选择"已筛选的值"，在"基值"下拉列表框中选择"购买金额的总和"，在"筛选器"下拉列表框中选择"产品名称"，在"选择一个值"列表框中选择需要的"产品分类"（本例为 AA 产品和 BB 产品），最后单击"确定"按钮，效果如图 4.9 所示。这样就可以得到 AA 产品和 BB 产品的购买金额总和。

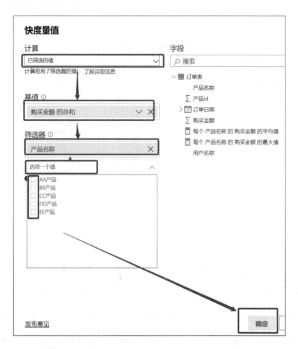

图 4.8　选择"已筛选的值"操作展示

注意：每次单击只能选择一个分类，按住 Ctrl 键的同时选择需要的所有分类即可实现多选。

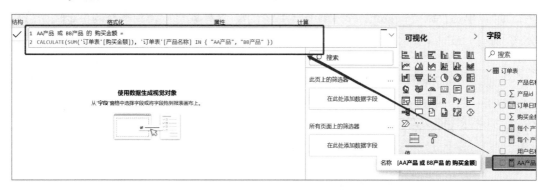

图 4.9　选择"已筛选的值"效果

4.2.3　时间智能

在进行业务数据分析时经常需要与去年同期的数据相比较、与上个月同期的数据相比较，或者需要计算截至某日目标完成了多少，利用时间智能函数可以实现这些功能。

依旧是右键单击"表名"，在弹出的快捷菜单中选择"新建快速度量值"命令，弹出"快度量值"对话框，如图 4.10 所示，在"计算"下拉列表框中将滑块下滑至"时间智能"分类。下面以"本月至今总计"和"月增率变化"选项为例进行说明。

注意："月增率"就是我们常说的环比，"年增率"就是同比的意思。

图 4.10　"时间智能"类别

如图 4.11 所示，在"快度量值"对话框中的"计算"下拉列表框中选择"本月至今总计"，在"基值"下拉列表框中选择"购买金额的总和"，在"日期"下拉列表框中选择"订单日期"，单击"确定"按钮，效果如图 4.12 所示，这样就可以得到每月购买金额的总和公式了。

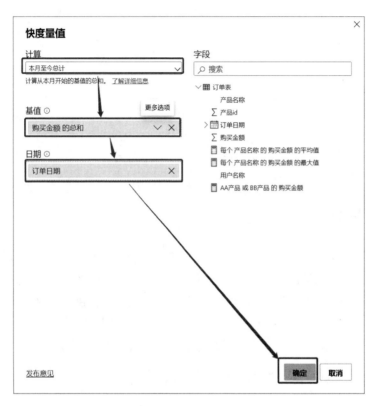

图 4.11　选择"本月至今总计"操作

图 4.12　选择"本月至今总计"效果

如图 4.13 所示，在"快度量值"对话框中的"计算"下拉列表框中选择"月增率变化"进行计算，在"基值"下拉列表框中选择"购买金额的总和"，在"日期"下拉列表框中选择"订单日期","期间数"本例选择 1。最后单击"确定"按钮，效果如图 4.14 所示，这样就计算出每月增长率的变化值了。

🔔注意：在"月增率变化"中，"期间数"默认选 1，就是环比上一个月的意思，如果需要环比其他月份，按照相应间隔月份进行调整即可。"年增率变化"的操作方法和使用"月增率变化"相同。

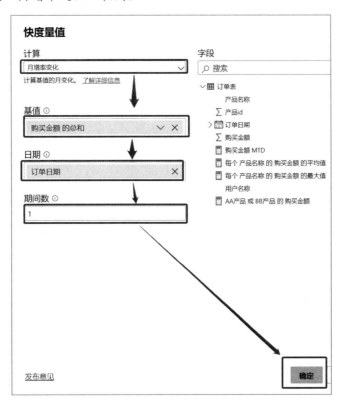

图 4.13　选择"月增率变化"操作展示

图 4.14　选择"月增率变化"效果展示

4.2.4　总计

右键单击"表名"，在弹出的快捷菜单中选择"新建快速度量值"命令，弹出"快度量值"对话框，在"计算"的下拉列表框中将滑块向下滑动到"总计"类别，这里以"汇总"为例进行介绍，如图 4.15 所示。

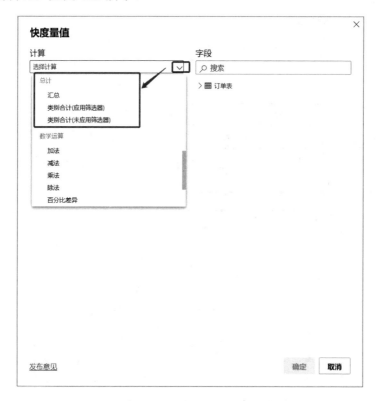

图 4.15　"总计"类别展示

如图 4.16 所示，在"快度量值"对话框中的"计算"下拉列表框中选择"汇总"，在"基值"下拉列表框中选择"购买金额的总和"，在"字段"下拉列表框中选择"产品名称"，在"方向"下拉列表框中选择"升序"，最后单击"确定"按钮，效果如图 4.17 所示，这样即可获取不同产品总购买金额的度量值。

注意："方向"系统默认选择的是"升序"，如需要"降序"展示，则在"方向"下拉列表框中选择"降序"即可。

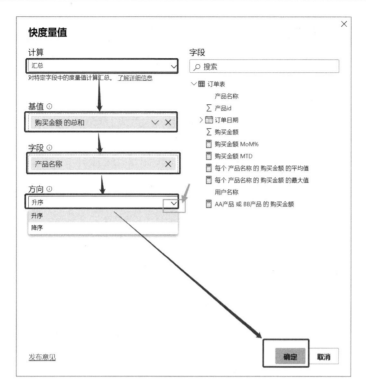

图 4.16 选择"汇总"操作展示

图 4.17 选择"汇总"结果展示

4.2.5 数学运算

在进行数据分析时，最常用的计算是加、减、乘、除。如图 4.18 所示，这些计算包含在"快度量值"的"数学运算"类别中。下面将以乘法计算进行讲解。

右键单击"表名"，在弹出的快捷菜单中选择"新建快速度量值"命令，弹出"快度量值"对话框，如图 4.19 所示。在"计算"下拉列表框中将滑块下滑至"数学运算"分类中，选择"乘法"选项，在"基值"下拉列表框中选择"产品单价的总和"，在"要乘以的值"中选择"数量的计数"，这样就可以计算出总金额，如图 4.20 所示。是不是很简单？

图 4.18 "数学运算"类别展示

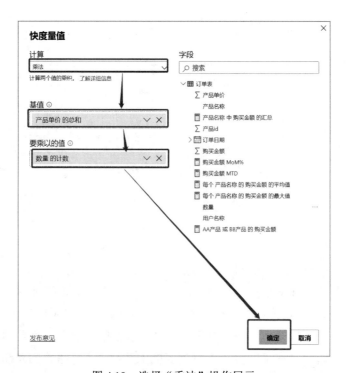

图 4.19 选择"乘法"操作展示

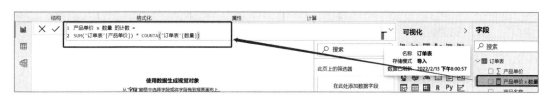

图 4.20　选择"乘法"结果展示

4.2.6　文本

下面介绍"快度量"下"文本"类别的"星级评分"功能，如图 4.21 所示。通过星级评分，可以清楚地看到每个产品的具体销售情况，非常直观，如图 4.22 所示。

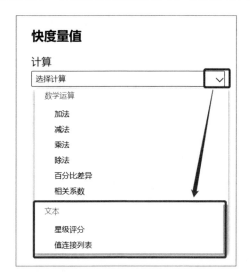

图 4.21　"文本"类别展示

产品名称	购买金额	购买金额 星级评分
AA产品	30	★☆☆☆☆
BB产品	40	★☆☆☆☆
CC产品	120	★★★★☆
DD产品	40	★☆☆☆☆
EE产品	250	★★★★★
总计	480	★★★★★

图 4.22　"星级评分"效果

右键单击"表名"，在弹出的快捷菜单中选择"新建快速度量值"命令，弹出"快度量值"对话框，如图 4.23 所示。在"计算"下拉列表框中，将滑块向下滑动到"文本"分类，然后选择"星级评分"，在"基值"下拉列表框中选择"购买金额的总和"，在"星数"文本框本中输入"5"，在"最低星级评分值"文本框中输入"10"，在"最高星级评分值"文本框中输入"150"，最后单击"确定"按钮，计算的度量值结果如图 4.24 所示。

🔔注意：" 星数""最低星级评分值""最高星级评分值"选项均可以根据实际情况灵活填写。

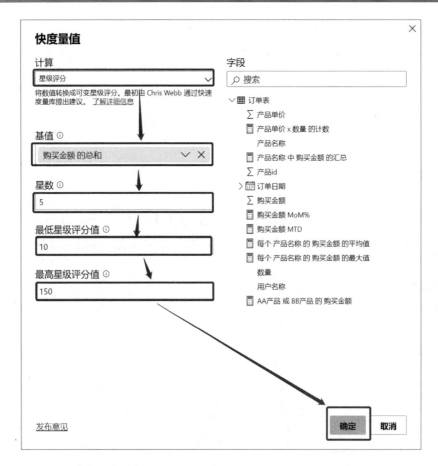

图 4.23　选择"星级评分"操作展示

图 4.24　选择"星级评分"度量值结果展示

4.3　新建度量值的常用函数

介绍完新建快度量值的相关内容后，本节将通过"新建度量值"功能来实现逻辑更复杂的计算。

4.3.1　VAR 函数

VAR 函数可以将表达式的结果存储为命名变量，VAR 赋值后的结果可以忽略对筛选条件的影响。

表达式结构：VAR <name> = <expression>。

如图 4.25 所示，新建一个同比增长百分比度量值。通过 VAR 将购买金额命名为 Sales，将上一年的购买金额命名为 SalesLastYear。这样，返回部分就可以直接输入 VAR 命名的变量，而无须重复输入过长的公式。

```
1  YoY% = VAR Sales = SUM('订单表'[购买金额])  --命名销量变量
2
3  VAR SalesLastYear =
4      CALCULATE ( SUM ('订单表'[购买金额]), SAMEPERIODLASTYEAR ( '订单表'[订单日期]))
5      --计算上一年的销量
6  return if(Sales, DIVIDE(Sales-SalesLastYear, Sales))
7      --返回同比百分比
```

图 4.25　VAR 函数用法展示

🔔**注意**：可以通过按 Alt+Enter 快捷键换行或按 Tab 键添加制表符间距来分隔公式。

4.3.2　CALCULATE 函数

在指定筛选器所修改的上下文中对表达式进行求值。

表达式结构：CALCULATE(<表达式>,<筛选条件 1>,<筛选条件 2>…)。

如图 4.26 所示，想计算小王购买 AA 产品和 DD 产品的总金额。这里使用 CALCULATE(<表达式>本例为购买金额,<筛选条件 1>本例为用户名称 in{小王},<筛选条件 2>本例为产品名称 IN{"AA 产品","DD 产品"}。

🔔**注意**：当筛选条件中需要选择多个结果时，在{}里用逗号隔开即可。

```
1  小王买AA产品和DD产品总计花费金额 =
2  CALCULATE(SUM('订单表'[购买金额]),'订单表'[用户名称] in {"小王"},'订单表'[产品名称] IN { "AA产品", "DD产品" })
```

图 4.26　CALCULATE 函数用法展示

4.3.3　FILTER 函数

CALCULATE(<计算式>,<筛选条件 1>,<筛选条件 2>…)已经具有筛选功能，为什么还要用 FILTER 函数？其实，FILTER 才是真正意义上的筛选器，其筛选功能远大于 CALCULATE 附带的筛选功能。

FILTER 不是计算函数而是筛选函数，其返回的结果是一张表，因此无法单独使用。如图 4.27 所示，FILTER 经常与 CALCULATE 函数搭配使用。

表达式结构：FILTER(<table>，<filter>)。

```
最后一次购买时间 = CALCULATE(MAX('订单表'[购买日期]),FILTER('订单表','订单表'[客户id]=EARLIER('订单表'[客户id])))
```

图 4.27　FILTER 函数的用法展示

4.3.4　ALL 函数

ALL 函数返回表中所有行或列的所有值，并且忽略可能已经应用的任何筛选器。该函数对于清除表中所有行的筛选器，以及创建针对表中所有行的计算非常好用。实际上，也可以将该函数视为清除 Excel 中的表筛选功能。

表达式结构：ALL([<table> | <column>[, <column>[, <column>[,…]]]])。

如图 4.28 所示，清除员工信息表中的所有筛选条件后再计算人数。

```
1  人数 = Calculate(DISTINCT('员工信息表'[客户id]),All('员工信息表'))
2  //意义为清除所有筛选条件后再计算人数。
```

图 4.28　ALL 函数的用法展示

4.3.5　DISTINCT 函数

DISTINCT 函数返回由一列组成的表，其中包含与指定列不同的值。简而言之，该函数会删除重复值并且仅返回唯一的值。

表达式结构：DISTINCT (column)。

如图 4.29 所示，计算非重复总人数时，输入名称=DISTINCT(要计算的列名)即可。

```
1  计算非重复总人数 =
2  DISTINCT('员工信息表'[客户id])
```

图 4.29　DISTINCT 函数的用法展示

4.3.6　DIVIDE 函数

DIVIDE 函数执行除法运算，并在除以 0 时返回替代结果或 BLANK()。

表达式结构：DIVIDE(<分子>,<分母>,错误时返回值)。

🔔**注意**：错误时返回值可不填。

如图 4.30 所示，计算女生人数占比时输入名称=DIVIDE(分子,分母)即可。

```
1  女生人数占比总人数 =
2  DIVIDE(
3      CALCULATE(DISTINCT('员工信息表'[客户id]),'员工信息表'[性别] IN {"女"})//女生去重人数
4      ,DISTINCT('员工信息表'[客户id]))//去重总人数
5      )
```

图 4.30　DIVIDE 函数的用法展示

4.3.7　DATEDIFF 函数

DATEDIFF 函数用于返回两个日期之间的间隔天数。

表达式结构：DATEDIFF(<start_date>, <end_date>, <interval>)。

🔔**注意**：<interval>部分是比较日期时要使用的间隔，该值可以为 MINUTE、HOUR、DAY、WEEK、MONTH、QUARTER 或 YEAR 之中的任意一个值。

如图 4.31 所示，计算两个日期之间的间隔天数，输入名称=DATEDIFF(开始日期,结束日期,day)即可。

```
1  计算当前期间的天数 =
2  VAR DateStart=MIN('金额'[订单日期])//当前期间的开始日期
3  VAR DateEnd=MAX('金额'[订单日期])//当前期间的结束日期
4  VAR DateRangeLength=DATEDIFF(DateStart,DateEnd,DAY)//计算当前期间的天数
5  return DateRangeLength
```

图 4.31　DATEDIFF 函数的用法展示

4.3.8　DATEADD 函数

DATEADD 函数用于返回一个表，此表包含一列日期，日期从当前上下文的日期开始按指定的间隔数向后推移或者向前推移。

表达式结构：DATEADD(<dates>,<number_of_intervals>,<interval>)。

如图 4.32 所示，当需要计算当前日期对应的上一年的日期的度量值时，输入名称=DATEADD(日期,-1,year)即可。

🔔注意：<interval>的值可以是 year、quarter、month 或 day 中的一个。<number_of_intervals>的值为负时，表示指定日期前面的日期，为正时表示指定日期之后的日期。

```
1  计算当前日期上一年的日期 = DATEADD('日期表'[日期],-1,year)
```

图 4.32　计算当前日期对应的上一年的日期

4.3.9　EARLIER 函数

对于将某个值作为输入值并基于该值生成计算的嵌套计算，可以使用 EARLIER 函数。在 Microsoft Excel 中，此类计算只能在当前行的上下文中进行，但是在度量值中，可以存储输入的值，然后使用整个表中的数据进行计算。

如图 4.33 所示，EARLIER 函数主要用于计算列的上下文。

表达式结构：EARLIER(<column>,　<number>)。

```
最后一次购买时间 = CALCULATE(MAX('订单表'[购买日期]),FILTER('订单表','订单表'[客户id]=EARLIER('订单表'[客户id])))
```

图 4.33　EARLIER 函数的用法展示

4.3.10　连接语句

如图 4.34 所示，当要将两个表的数据合并使用时，可使用以下连接语句。

- 交叉相同：Intersect(表 1,表 2)，即取表 1 和表 2 的重叠数据。
- 去除相同：Except(表 1,表 2)，即去除两表重叠的数据。
- 全部：Union(表 1,表 2)，即合并两表的所有数据。

注意：两表的列字段和名称必须相同。

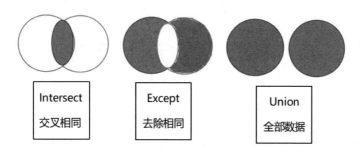

图 4.34 连接语句

第5章　常用的度量值应用案例

初学 Power BI 时通常会对度量值感到困惑，在实际工作中不知道如何运用。本章将会介绍在实际工作中如何应用常用的度量值。

本章的主要内容如下：

- 日期表制作公式：学会利用度量值创建日期表。
- 指定日期同比与环比的计算：用度量值计算自定义日期同比与环比的增长率。
- 计算在职员工的数量。
- 计算员工在职的天数。
- 数据预测：根据历史数据对未来数据进行预测。
- 流失客户的计算。
- 回流客户的计算。
- RFM 模型计算。

5.1　日期表制作公式

日期表是使用时间智能功能的前提。除了导入 Excel 日期表外，还可以通过度量值直接在 Power BI 中创建日期表。

在菜单栏中选择"建模"命令，然后在工具栏中单击"新建表"，如图 5.1 所示。之后会出现一个输入框，如图 5.2 所示。在文本框中输入表达式后，单击左侧工具栏中的"数据"，再选择"表工具"命令，然后单击"日期表"，日期表格就创建成功了，如图 5.3 所示。

图 5.1　新建表

将图 5.2 中的开始时间和结束时间替换成需要的时间范围即可，表达式如下，可以直接使用。

```
日期表 = ADDCOLUMNS (
CALENDAR ( date(2022, 01, 01), date(2022, 12, 31) ), ----第一个为开始日期，后
```

```
边的为结束日期
"年",  YEAR ( [Date] ),
"季度",  ROUNDUP( MONTH ( [Date] )/3, 0 ),
"月",  MONTH ( [Date] ),
"周",  WEEKNUM([Date]),
"年季度",  YEAR ( [Date] ) & "Q" & ROUNDUP( MONTH ( [Date] )/3, 0 ),
"年月",  YEAR ( [Date] ) * 100 + MONTH ( [Date] ),
"年周",  YEAR ( [Date] ) * 100 + WEEKNUM ( [Date] ),
"星期几",  WEEKDAY([Date])
```

注意：如果不需要季度、周、年季度和星期几等数据，只需要日期的话，那么把表达式
改为日期表 =CALENDAR (date(2022,01,01)，date(2022,12,31))即可。

图 5.2　输入日期表度量值

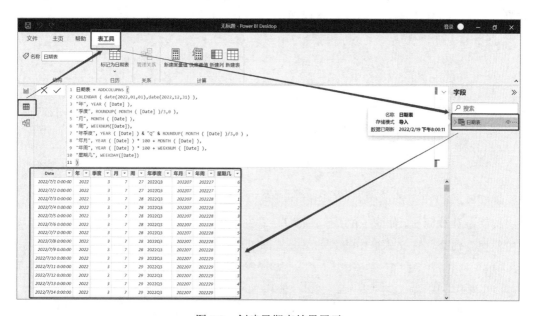

图 5.3　创建日期表结果展示

5.2　如何计算指定日期同比与环比的增长率

在新建快速度量值中,年增长率变化和月度增长率变化用于计算整月同比增长和环比增长。然而在实际工作中我们可能需要指定日期的同比和环比增长率。例如,我们想知道去年 12 月 1 日至 5 日与今年 12 月 1 日至 5 日的同比数据,应如何操作呢?

以同比为例,如图 5.4 所示,将鼠标指针悬停在表名上并单击鼠标右键,在弹出的快捷菜单中选择"新建度量值"命令来计算本期销售金额。

```
本期销售金额 = SUM('金额'[金额])
```

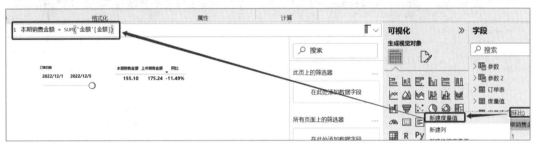

图 5.4　新建本期销售金额度量值

如图 5.5 所示,我们需要新建上年销售金额的度量值,右键单击表名,在弹出的快捷菜单中选择"新建度量值"命令,然后在文本框中输入如下度量值:

```
上年销售金额 =
VAR DateStart=MIN('金额'[订单日期])        //当前期间的开始日期
VAR DateEnd=MAX('金额'[订单日期])         //当前期间的结束日期
VAR DateRangeLength=DATEDIFF(DateStart,DateEnd,DAY)//计算当前时间段的天数
VAR PreDateEnd=DateStart-(365-DateRangeLength)//计算上年同期的结束日期
VAR PreDateStart=PreDateEnd.DateRangeLength       //计算上年同期的开始日期
//上个期间范围
VAR PreDateRange=DATESBETWEEN('金额'[订单日期],PreDateStart,PreDateEnd)
Return
CALCULATE('度量值(同环比)'[本期销售金额],PreDateRange)
```

接着是计算同比,如图 5.6 所示,依旧是右键单击表名,在弹出的快捷菜单中选择"新建度量值"命令,在文本框中输入如下公式即可。

```
同比 =
('度量值(同环比)'[本期销售金额].'度量值(同环比)'[上年销售金额])/'度量值(同环比)'
[上年销售金额]
```

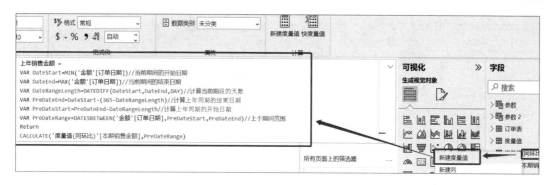

图 5.5　新建上年销售金额的度量值

图 5.6　计算同比

最终效果如图 5.7 所示，我们创建一个日期切片器，再创建一个图表后，当选择订单日期为 2022 年 12 月 1 日至 2022 年 12 月 5 日时，本期销售金额、上年销售金额及同比增长就会自动计算。

图 5.7　指定日期同比计算效果展示

🔔 **注意**：环比的计算方式与同比相同，都是先创建一个本期销售金额的度量值，然后创建一个上期销售金额的度量值，最后创建环比公式(本期-上期)/上期即可。唯一的区别如图 5.8 所示，将上年销售金额度量值上期结束时间的 365 改为 31 即可。

度量值如下：

```
上月销售金额 =
VAR DateStart=MIN('金额'[订单日期])          //当前期间的开始日期
```

```
VAR DateEnd=MAX('金额'[订单日期])       //当前期间的结束日期
VAR DateRangeLength=DATEDIFF(DateStart，DateEnd，DAY)    //计算当前期间的天数
VAR PreDateEnd=DateStart-(31-DateRangeLength)      //计算上期的结束日期
VAR PreDateStart=PreDateEnd.DateRangeLength        //计算上期的开始日期
//上一个期间范围
VAR PreDateRange=DATESBETWEEN('金额'[订单日期]，PreDateStart，PreDateEnd)
Return
CALCULATE('度量值(同环比)'[本期销售金额]，PreDateRange)
```

```
1  上月销售金额 =
2  VAR DateStart=MIN('金额'[订单日期])//当前期间的开始日期
3  VAR DateEnd=MAX('金额'[订单日期])//当前期间的结束日期
4  VAR DateRangeLength=DATEDIFF(DateStart,DateEnd,DAY)//计算当前期间的天数
5  VAR PreDateEnd=DateStart-(31-DateRangeLength)//计算上期的结束日期
6  VAR PreDateStart=PreDateEnd-DateRangeLength//计算上期的开始日期
7  VAR PreDateRange=DATESBETWEEN('金额'[订单日期],PreDateStart,PreDateEnd)//上一个期间范围
8  Return
9  CALCULATE('度量值(同环比)'[本期销售金额],PreDateRange)
```

图 5.8　环比度量值展示

5.3　如何计算在职员工的数量

我们如何根据起止日期来计算某个时间点的数量呢？例如，当员工的入职日期和离职日期已知时，如何计算每个月末的在职员工人数？下面以在职员工的计算为例来看一下如何使用 Power BI Desktop 来实现。

我们要考虑两种情况：一种情况是，当离职日期为空时，员工在职；另一种情况是，当离职日期小于所选日期时，员工在职。在这两种情况下我们可以编写度量值来统计所选月份的在职员工人数。

模拟数据如图 5.9 所示。员工表包括员工 id、员工姓名、性别、年龄、入职日期和离职日期。

员工id	员工姓名	性别	年龄	入职日期	离职日期
100001	小王	男	12	2022年1月1日	
100002	小红	女	16	2022年1月10日	2022年2月10日
100003	小花	女	18	2022年2月2日	
100004	小李	男	21	2022年2月4日	
100005	小兰	女	11	2022年2月28日	
100006	小明	男	23	2022年3月6日	
100007	小方	男	15	2022年3月7日	2022年3月22日
100008	小草	男	15	2022年3月31日	

图 5.9　数据展示

首先，我们使用 5.1 节介绍的方法制作日期表。因为它是按时间点计算的，所以需要建立一个单独的日期表。

如图 5.10 所示，右键单击表格，在弹出的快捷菜单中选择"新建度量值"命令，在文本框中输入表达式，将日期表中的"日期"字段和计算出的度量值"在职员工数量"放入可视化图形矩阵中，得到每月在职员工人数，结果如图 5.11 所示。

注意：如果想计算某个时间段内的平均在职人数，只需要在上述度量值的基础上写一个平均度量值即可，公式为：平均在职人数 = AVERAGEX(VALUES('日期表'[日期]), [在职员工数量]。

计算在职员工数量的表达式如下，可以直接使用：

```
在职员工数量 =
VAR date_=MAX('日期表'[日期])                    //获取最大日期
RETURN
CALCULATE(
COUNTROWS('员工信息表'),
FILTER(
ALL('员工信息表'),
'员工信息表'[入职日期]<=date_
//入职日期小于等于所选日期
&&('员工信息表'[离职日期]>date_||'员工信息表'[离职日期]=BLANK())
//并且离职日期为空或大于所选日期))
```

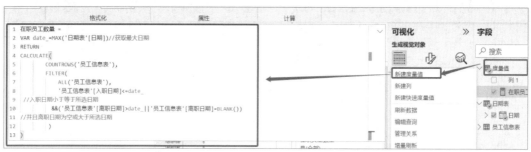

图 5.10　新建度量值

年	在职员工数量
⊟ 2022	6
January	2
February	4
March	6

图 5.11　在职员工数量结果展示

注意：使用表达式时记得替换成已创建的对应的表名及列名。

5.4　如何计算员工本月在职的天数

模拟数据如图 5.12 所示，员工表包括员工 id、员工姓名、性别、年龄、入职日期和离职日期。

员工id	员工姓名	性别	年龄	入职日期	离职日期
100001	小王	男	12	2022年1月1日	
100002	小红	女	16	2022年1月10日	2022年2月10日
100003	小花	女	18	2022年2月2日	
100004	小李	男	21	2022年2月4日	
100005	小兰	女	11	2022年2月28日	
100006	小明	男	23	2022年3月6日	
100007	小方	男	15	2022年3月7日	2022年3月22日
100008	小草	男	15	2022年3月31日	

图 5.12　数据展示

同样，我们首先创建一张日期表，如图 5.13 所示，右键单击表格，在弹出的快捷菜单中选择"新建度量值"命令，在文本框中输入度量值表达式，结果如图 5.14 所示。

计算在职员工在职天数的度量值表达式如下，可以直接使用：

```
本月在职天数 =
VAR entrydate=selectedvalue('员工信息表'[入职日期])        //获取员工入职日期
VAR quitdate=selectedvalue('员工信息表'[离职日期])         //获取员工离职日期
VAR firstdateofmonth=MIN('日期表'[日期])                  //获取本月第一天日期
VAR lastdateofmonth=MAX('日期表'[日期])                   //获取本月最后一天日期
RETURN
SWITCH(
TRUE(),
entrydate>lastdateofmonth, 0,
//如果入职时间晚于本月最后一天，本月就判定为未入职，本月在职天数等于 0
quitdate=BLANK(), INT(lastdateofmonth-MAX(firstdateofmonth, entrydate))+1,
//如果离职时间为空，判定为在职，本月在职天数等于月末–月初日期的最大值+1
quitdate<firstdateofmonth, 0,
//如果离职日期早于本月初，判定为离职，本月在职天数等于 0
INT(MIN(lastdateofmonth, quitdate)-MAX(firstdateofmonth, entrydate))+1
//如果非以上情况，本月在职天数=月末与离职日期的最小值–月初月入职日期的最大值
)
```

注意：使用表达式时记得替换成已创建的对应的表名及列名。

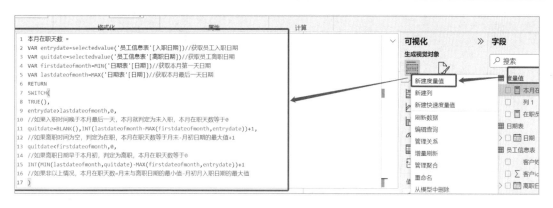

图 5.13　新建度量值

图 5.14　员工本月在职天数结果展示

5.5　数　据　预　测

对于大多数人来说设定目标或预测未来的业绩趋势是一个相对复杂的预测和建模问题。但是 Power BI 不需要自己建模就可以轻松进行数据预测和分析。本节将介绍如何通过 Power BI 进行数据预测与分析。

5.5.1　利用折线图进行数据预测

Power BI Desktop 的折线图预测功能如何使用呢？如图 5.15 所示，先在 Power BI Desktop 中创建一个折线图。

然后单击折线图，在右侧的分析面板（放大镜图标）中可以看到"预测"选项，单击打开按钮，展开"预测"选项区域，如图 5.16 所示。

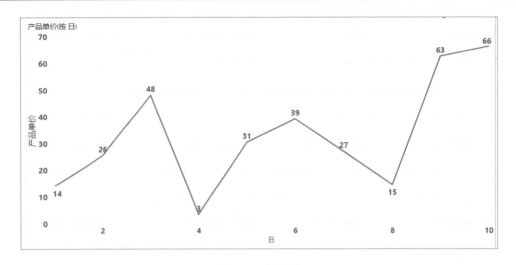

图 5.15　折线图

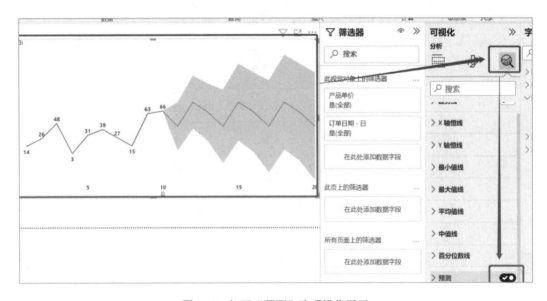

图 5.16　打开"预测"选项操作展示

如图 5.17 所示，展开"预测"选项区域后，可以进行具体的参数设置。其中，"预测长度"是指未来的预测时长，"忽略最后"可以避免最后一个异常值的影响，并可用于测试预测效果。例如，如果忽略最后 10 天，则预测长度也为 10 天，可以测试过去 10 天的实际值和预测值之间的差异。"置信区间"是统计学中的一个术语，它可以用来计算预测区间的上限和下限，通过设置置信区间，可以控制预测的准确率。

预测数据有误差是难以避免的。如果历史数据有规律性的变化，那么可以在"季节性（点）"参数中进行设置。如果数据点间隔是季度，则可以将其设置为 4。如果数据点间隔为天，则可以将其设置为 365。如果此处未填写，系统将自动检测其规律性，预测结果如图 5.18 所示。

🔔 **注意：** 置信区间设置得越高，预测区间越大，但预测的精度较低；通过降低置信区间，可以提升预测的精度，但其可信度也随之下降。实际预测时要平衡这二者的关系。

图 5.17　预测参数设置

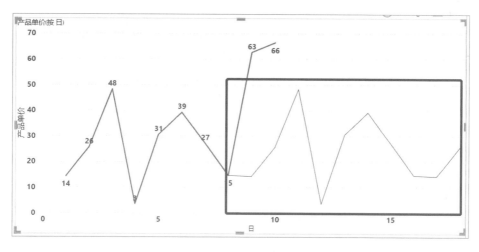

图 5.18　预测结果展示

5.5.2　利用度量值进行数据预测

如图 5.19 所示，我们已知 2020 年 12 月和 2021 年 12 月的交易额数据，如何预测 2022

年 12 月的交易额呢?

取前两年同期数据的平均值作为本年的预测值，首先计算 2021 年数据和 2020 年的同期数据，然后取平均值 ×（1+预测增长系数）作为预测数据。

图 5.19　模拟数据展示

首先，我们需要创建一个参数，如图 5.20 所示，选择菜单栏中的"建模"命令，单击工具栏中的"新建参数"按钮，打开"模拟参数"对话框，在"名称"文本框中输入"预测增长系数"，在"数据类型"下拉列表框中选择"定点小数"，分别用微调按钮选择增长百分比区间的"最小值"和"最大值"，"增量"在本例中选择为"0.1"，意味着从最小值 0.1 递增到最大值 0.5，"默认值"可不填。设置完成后单击"确定"按钮，结果如图 5.21 所示。

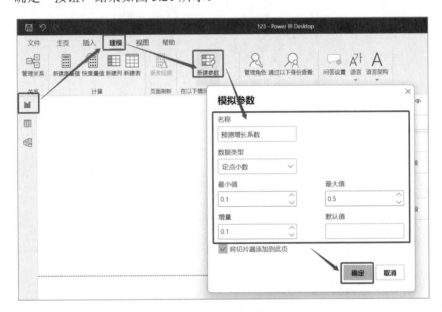

图 5.20　新建参数步骤

图 5.21　新建参数结果展示

设置好增长系数后，我们需要新建度量值"最新业务日期"，如图 5.22 所示，右键单击表名，在弹出的快捷菜单中选择"新建度量值"命令，在文本框中输入如下度量值：

最新业务日期 = MAX('金额'[订单日期])　　　　　　//订单表中的最大日期

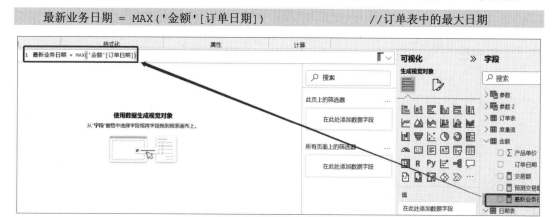

图 5.22　创建最新业务日期度量值

创建预测交易额度量值操作如图 5.23 所示，结果如图 5.24 所示，本例选择增长系数为 0.2，2022 年 12 月的交易额预估为 87.62，度量值如下：

```
预测交易额 =
VAR salseLY=CALCULATE('金额'[交易额],DATEADD('日期表'[日期],-1,YEAR))
//上年交易额
VAR salseLY2=CALCULATE('金额'[交易额],DATEADD('日期表'[日期],-2,YEAR))
//两年前交易额
VAR forecast=DIVIDE(salseLY+salseLY2,2)*(1+[预测增长系数 值])
//预测交易额
RETURN
IF(MAX('日期表'[日期])>'金额'[最新业务日期],forecast)
```

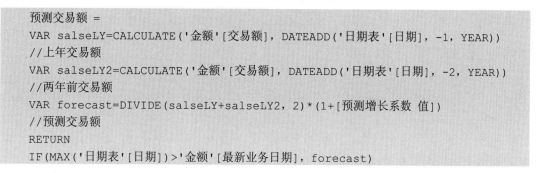

图 5.23　创建预测交易额的度量值展示

图 5.24　预测结果展示

5.6　新客户和流失客户的判定方法

我们不仅要不断吸引新客户，还要防止老客户流失。本节将介绍如何使用度量值计算新客户和流失客户的相关数据。

5.6.1　新客户的计算

本节将会介绍如何在 Power BI Desktop 中使用度量值来快速获得客户首次购买时间并判定是否为新客户。

如图 5.25 所示为一张客户历史消费明细表，当客户首次消费时，就判定他为首次消费日期那天的新客。有了这个思路，我们就可以创建度量值了。

客户id	客户姓名	商品id	商品名称	单价	数量	金额	购买日期
101	小A	10001	商品1	100	1	100	2021-11-28
102	小B	10002	商品2	150	2	300	2022-01-28
103	小C	10001	商品1	100	3	300	2022-01-28
104	小D	10003	商品3	200	1	200	2022-01-28
105	小E	10001	商品1	100	1	100	2022-01-28
105	小E	10003	商品3	200	2	400	2022-01-27
102	小B	10002	商品2	150	2	300	2022-02-28
103	小C	10002	商品2	150	2	300	2022-02-28

图 5.25　消费明细表

首先新建列得出客户首次购买时间，如图 5.26 所示，单击左侧工具栏的"数据"模块，右键单击对应的表名，在弹出的快捷菜单中选择"新建列"，在文本框中输入如下代码即可。

```
首单日期 =
Calculate(Min('订单表'[购买日期])，Filter('订单表'，'订单表'[客户id]=Earlier
('订单表'[客户id])))
```

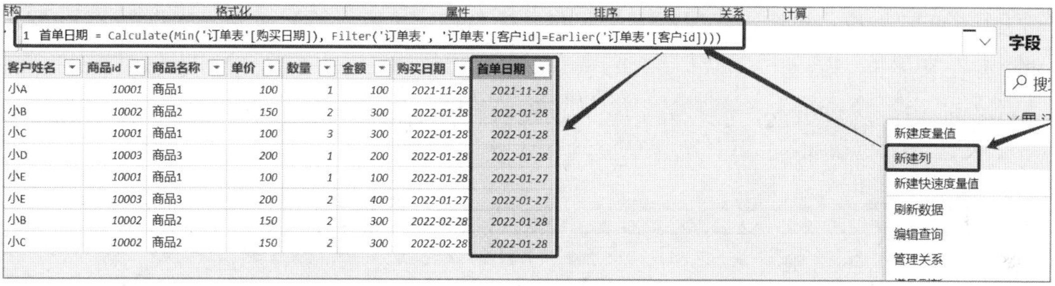

图 5.26 新建首次购买日期列

注意：Min('订单表'[购买日期]代表最早的订单日期。

得到了首次购买日期列，就可以进行新客户判定了。如图 5.27 所示，右键单击表名，在弹出的快捷菜单中选择"新建列"命令，在文本框中输入如下度量值，当购买日期=首次购买日期时即为新客，反之为非新客。

```
是否新客 =
IF('订单表'[购买日期]='订单表'[首单日期].[Date]，"新客"，"非新客")
```

图 5.27 新建"是否新客"判定列

注意：创建完"是否新客"的标签列，就可以通过第 4 章介绍的 CALCULATE 函数计算新客户的交易额和新客户的数量了。

5.6.2　流失客户的计算

由于每家公司对流失客户的定义不同，本小节设定连续两个月（即 60 天）没有购买的客户为流失客户。

首先，我们创建一个新列来显示客户的最后一次购买日期，如图 5.28 所示。单击左侧工具栏的"数据"模块，右键单击相应的表格名称，在弹出的快捷菜单中选择"新建列"命令并在文本框中输入以下代码。

```
最后一次购买日期 = Calculate(MAX('订单表'[购买日期]), Filter('订单表', '订单表'
[客户 id]=Earlier('订单表'[客户 id])))
```

图 5.28　新建"最后一次购买日期"列

🔔注意：MAX('订单表'[购买日期])代表最大的订单日期。

得到客户的最后一次购买日期后，我们就可以通过当前日期减去最后一次购买日期得到间隔天数了。如图 5.29 所示，右键单击表名，在弹出的快捷菜单中选择"新建列"命令，在文本框中输入如下代码即可。

```
间隔天数 = DATEDIFF('订单表'[最后一次购买日期].[Date],NOW(),DAY)
```

图 5.29　新建最后一次购买日期距离当前日期的"间隔天数"列

得到间隔天数后，最后一步我们就可以用 **IF** 函数新建"是否流失判定"列了。如图 5.30 所示，右键单击表名，在弹出的快捷菜单中选择"新建列"命令，在文本框中输入如下代码即可。

> 是否流失判定 = IF('订单表'[间隔天数]>60,"流失","未流失")

图 5.30　新建"是否流失判定"列

⚠注意：创建完是否为流失客户的标签列，就可以通过第 4 章介绍的 CALCULATE 函数计算流失客户的交易额和流失客户的数量了。

5.7　RFM 模型计算

RFM 模型是衡量客户价值的重要工具和手段。它通过 3 个行为指标对客户进行分类，这 3 个行为指标分别是 Recency（最近一次消费时间间隔）、Frequency（消费频率）和 Monetary（消费金额）。RFM 模型的名称是这三个指标的首字母的组合。一般来说，消费的间隔时间越短、消费频率和消费金额越高，客户价值越大。

为了便于分组，我们需要在 Power BI Desktop 中创建一个 RFM 类型的表。如图 5.31 所示，单击左侧工具栏"建模"模块，单击工具栏中的"输入数据"按钮，弹出"创建表"对话框，在其中输入相关数据后，在"名称"文本框中输入表名，最后单击"加载"按钮，创建成功。

假设有一个客户表和一张订单表，我们应该首先创建这两个表的关系，如图 5.32 所示。

然后分别新建 Recency（最近一次消费时间间隔）、Frequency（消费频率）和 Monetary（消费金额）相关度量值，如图 5.33 所示。

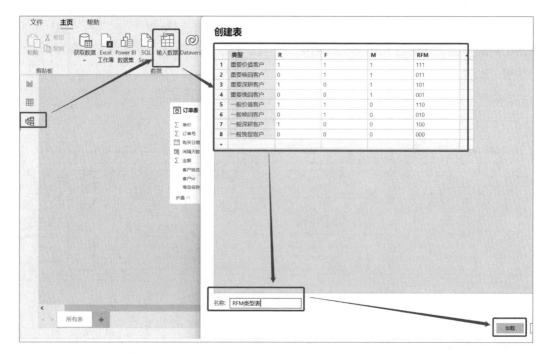

图 5.31　创建 RFM 类型表

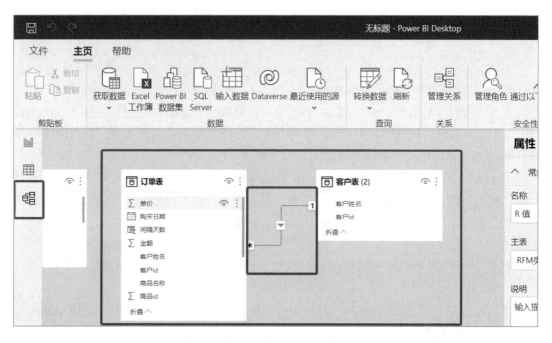

图 5.32　建立客户表和订单表的关系

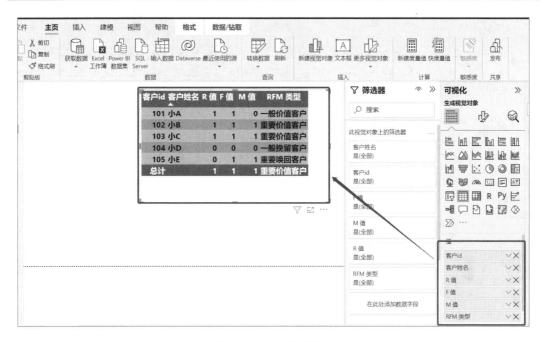

图 5.33　RFM 效果展示

Recency：最近一次消费时间间隔度量值。

```
R 最后消费间隔天数 = DATEDIFF( MAX( '订单表'[购买日期] ),  [业务最新日期], DAY )
R 平均间隔天数 = AVERAGEX( ALLSELECTED('客户表 (2)'), 'RFM 类型表'[R 最后消费
间隔天数 ])
R 值 =
IF( ISBLANK('RFM 类型表'[R 最后消费间隔天数 ]), BLANK(), IF( 'RFM 类型表'[R 最
后消费间隔天数 ] <'RFM 类型表'[R 平均间隔天数 ], 1, 0))
```

Frequency：消费频率度量值。

```
F 消费次数 =DISTINCTCOUNT( '订单表'[订单号] )
F 平均消费次数= AVERAGEX( ALLSELECTED('客户表 (2)'), 'RFM类型表'[F 消费次数 ] )
F 值
= IF( ISBLANK( 'RFM 类型表'[F 消费次数 ] ), BLANK(), IF('RFM 类型表'[F 消费次
数 ] >[F 平均消费次数], 1, 0))
```

Monetary：消费金额度量值。

```
M 消费金额 = SUM( '订单表'[金额] )
M 平均消费金额 =
AVERAGEX( ALLSELECTED('客户表 (2)' ) , 'RFM 类型表'[M 消费金额 ])
M 值 =
IF( ISBLANK('RFM 类型表'[M 消费金额 ]), BLANK(), IF( 'RFM 类型表'[M 消费金额 ]
>'RFM 类型表'[M 平均消费金额 ], 1, 0))
```

RFM:

```
RFM 值  = 'RFM 类型表'[R 值]&'RFM 类型表'[F 值 ]&'RFM 类型表'[M 值 ]
RFM 类型 = VAR RFM_value ='RFM 类型表'[RFM 值 ] RETURN CALCULATE（ VALUES（ 'RFM
类型表'[类型]  ）， 'RFM 类型表'[RFM]=RFM_value ）
```

🔔**注意**：传统的 RFM 模型只是最基础的三个指标，读者可以根据实际业务增加相关的指标，如针对某电商平台，可以添加客户入会时间的指标等。

第 6 章　制作可视化看板

在前面的章节中，我们学习了数据清理、数据建模和度量值的使用，本章将介绍如何制作可视化看板。

本章的主要内容如下：

- 制作可视化图表：如何制作图表、调整格式及自定义可视化图表。
- 可视化的高级功能：包括添加壁纸、制作"图中图"，以及使用按钮和书签。
- 可视化看板设计：制作可视化看板的注意事项。

6.1　制作可视化图表

本节主要介绍 Power BI 的可视化功能，包括如何制作图表和调整格式，以及自定义可视化图表的使用方法。

6.1.1　制作图表

如果我们想根据客户性别进行分类，了解男性客户和女性客户各有多少人，那么应该如何操作呢？如图 6.1 所示，在右侧的"字段面板"中选择需要的相应字段。本例选择"性别"和"客户 id"。然后将在"可视化面板"中看到刚才选择的两个字段。同时，还可以看到这两个字段也显示在画布上。

细心读者可能会问，我们要计算男女客户的人数，为什么选择"客户 id"？原因是我们可以根据"客户 id"判定是否是同一个人。如图 6.2 所示，单击"客户 id"右侧的下拉按钮，右侧会出现选项列表。在本例中我们需要计算人数，因此需要考虑在数据源中是否会有一个人出现多次的情况。因此，本例我们选择"计数（非重复）"选项，这样我们就得到了男女客户分别有多少人的表格，如图 6.3 所示。

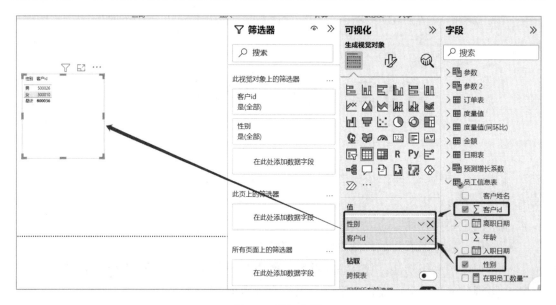

图 6.1　添加字段

图 6.2　基础计算的使用展示

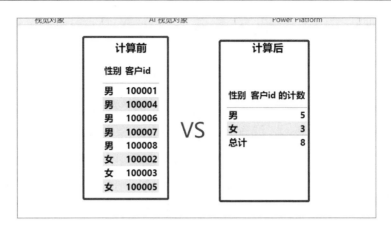

图 6.3　基础计算的效果展示

此时可能有读者会有疑问，这不是一张表格吗？一点也不美观。别担心。接下来我们将表格转换为图表，使看板更直观和美观。

根据前面的步骤，我们得到了如图 6.3 所示的表格，知道了男女客户各有多少人。此时，我们只需要单击"要制作成图表的表格"，然后单击"可视化"面板中的"可视化图形"，如图 6.4 所示。本例我们以可视化面板中的"堆积条形图"为例，效果如图 6.5 所示。如果我们想知道男性和女性的比例是多少，应该怎么操作呢？如图 6.6 所示，在画布上单击所需的表后，单击"可视化"中的"饼图"图标，效果如图 6.7 所示。

通过上述两种将表格转换为图形的方法介绍，相信读者一定已经学会了如何使用可视化功能将表更改为图形的方法，其他的图形使用，可以举一反三。

🔔注意：6.3 节会介绍什么样的图形适合什么样的数据。

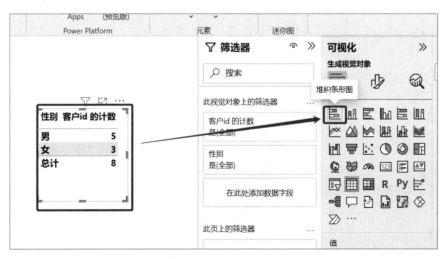

图 6.4　将表格设置成图表操作展示

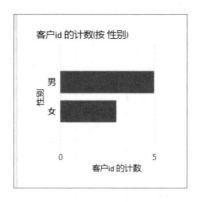

图 6.5　将表格设置成图表效果展示

图 6.6　将表格设置成饼图操作展示

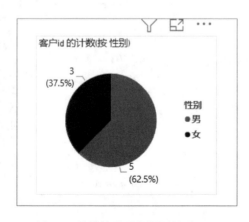

图 6.7　将表格设置成饼图效果展示

6.1.2　图表的钻取方法

钻取是指改变维的层次，变换分析的粒度，其包括向上钻取和向下钻取。通过向导的方式用户可以定义分析因素的汇总行。如图 6.8 所示为一个超市日销售额表。我们想在主页面中只展示产品一级分类的相关数据，当有需求时再展示产品二级分类的相关数据，针对这种情况，我们可以通过 Power BI Desktop 的"钻取"功能的"下钻"功能来实现。

产品一级分类	产品二级分类	日销售额
酒水	XXX白酒	12340
酒水	XXX红酒	10000
生鲜	XXX虾	5500
生鲜	XXX鱼	5000
总计		32840

图 6.8　基础数据展示

首先我们根据上一节学习的方法,将字段工具栏中的"产品一级分类"字段拖曳到"轴"下方，将"日销售额"字段拖曳到"值"下方，如图 6.9 所示，就会得到以产品一级分类为维度的日销售额图表，如图 6.10 所示。

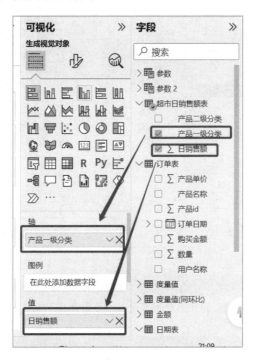

图 6.9　添加字段操作展示

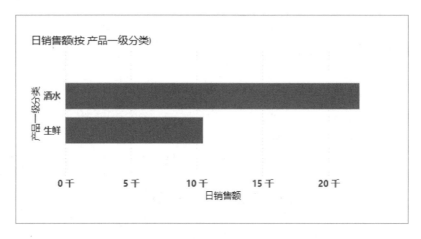

图 6.10　制作图表效果展示

完成如图 6.10 所示的图表后，如何实现单击"酒水"后，可以显示不同酒水的日销售额数据呢？如图 6.11 所示，我们只要把"产品二级分类"字段拖曳到"轴"的"产品一级分类"的下方，然后单击画布中图表上方向下的箭头，再单击图表左侧"Y 轴"的"酒水"，就会出现各种酒水的日销售额图表，如图 6.12 所示。

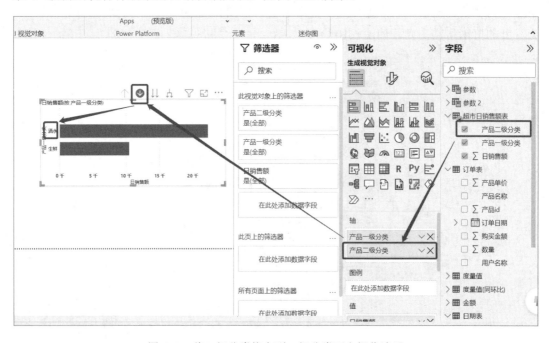

图 6.11　将二级分类拖曳到一级分类下方操作演示

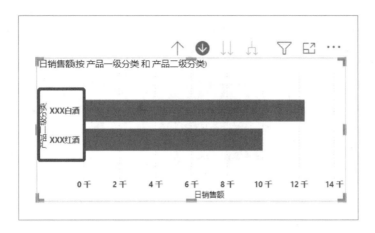

图 6.12　"下钻"效果展示

学会了"下钻"，如何将图表再返回到图 6.10 按照产品一级分类的日销售额图表中呢？这个时候我们就要用到"上钻"功能。

如图 6.13 所示，只要单击图表上方"向上"的箭头，就可以返回到按照一级分类的图表中。

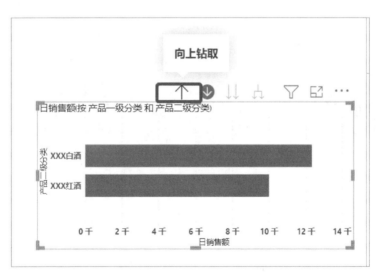

图 6.13　"上钻"功能的使用

6.1.3　图表的格式设置

如何调整图表的格式呢？如图 6.14 所示，最初创建的图表存在字体很小、标题太长等问题，非常不美观。本小节将介绍如何调整图表的格式。

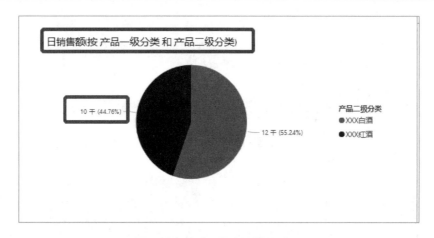

图 6.14　未设置格式的图表展示

如图 6.15 所示，首先单击要设置格式的图表，然后单击"可视化"工具面板中的"设置视觉对象格式"图标（即毛笔样式的图标），下方会有"视觉对象""常规"两个分类。

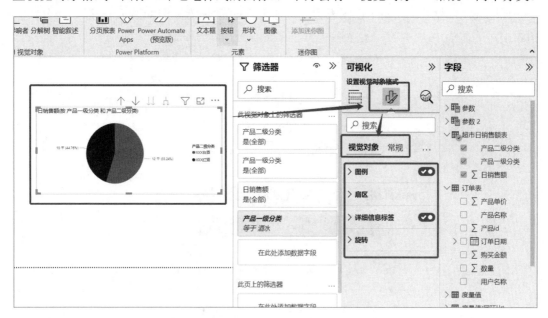

图 6.15　设置格式操作展示

如图 6.16 所示，我们以"饼图"为例。饼图"视觉对象"中的"图例"对应于画布中饼图右侧的"产品一级分类"。可以在"图例"中调整图例的位置、字体大小、颜色和标题。"扇区"与饼图相对应。可以更改饼图内部的颜色。在"详细信息标签"中同样可以设置值的大小，并调整位置（标签内容在图形内部或外部）及标签内容（是仅显示百分比，还是同时显示值和百分比等）。

如图 6.17 所示，还可以调整图表的标题和其他部分。

总之，我们可以在相应的"视觉对象"和"常规"中调整图表的每个部分。

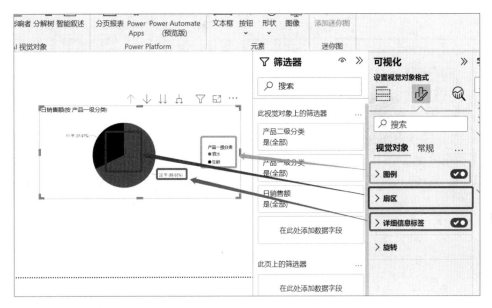

图 6.16　设置"视觉对象"操作展示

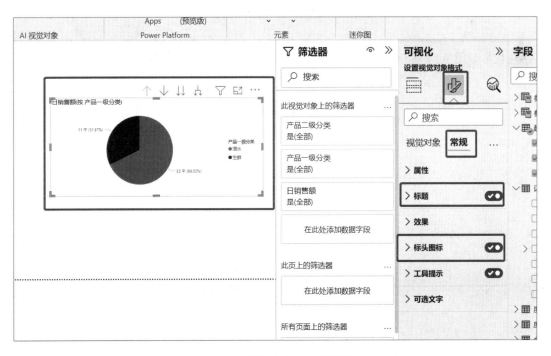

图 6.17　标题和标头的设置区

注意：如图 6.18 所示，在"常规"的"效果"选项设置里，我们可以通过调整背景的
颜色、透明度、边框及阴影效果来增加图表的美观程度。

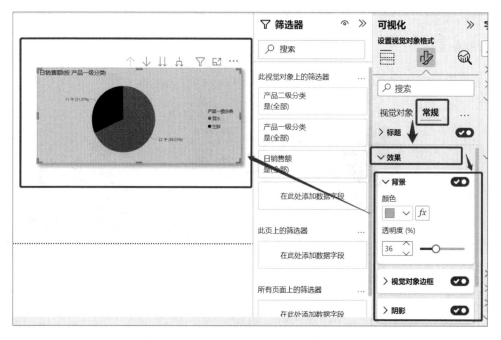

图 6.18　图表背景、边框和阴影的设置

注意：如图 6.19 所示的"常规"下的"工具提示"功能将会在 6.2.2 节讲解。

图 6.19　"工具提示"功能展示

6.1.4　自定义可视化图表

除了 Power BI Desktop 的内置图表外，Power BI Desktop 还可以使用图表库中的图表进行自定义，并且图表库会不时更新和补充新的可视化对象。

有两种方法可以进入图表库。第一种方法是选择菜单栏中的"插入"命令，单击"更多视觉对象"下拉按钮，在下拉列表框中选择"从 AppSource"，如图 6.20 所示，此时将跳转到"Power BI 视觉对象"页面，单击"筛选条件"右侧的下拉按钮，在下拉列表框中选择所需的图表类型，然后选择合适的图表即可，如图 6.21 所示。

注意：如果有自己的可视化图表文件，可以选择"从我的文件"选项上传到 Power BI 上。

图 6.20　进入图表库的第一种方法

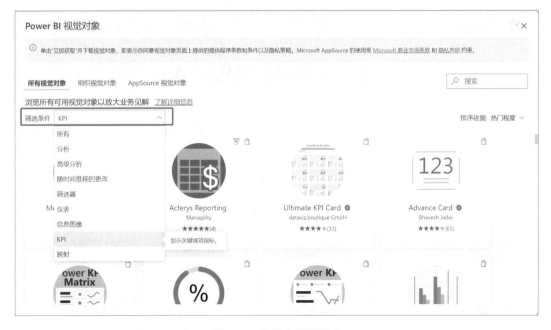

图 6.21　选择合适的图表

第二种方法是在"可视化"工具栏中，单击图表最后的三个点，选择"获取更多视觉对象"命令，如图 6.22 所示，之后也会跳转到如图 6.21 所示的页面，然后选择合适的图表即可。

图 6.22　进入图表库的第二种方法

6.2　可视化的高级功能

当我们使用 Power BI 软件制作看板时，看板的样式默认为白底黑字，并且是单个页面和单个图片显示的可视化效果。本节将介绍如何美化 Power BI 的效果。

6.2.1　壁纸的使用

本节介绍如何自定义背景。相信读者在使用 Power BI Desktop 时也会遇到这样的问题：当领导要求制作具有自己公司特点的可视化图表时，微软提供的现有模板不一定适用。接下来就介绍一下如何自定义壁纸。

（1）素材准备。

我们可以在网上寻找一些相关图片作为背景材料。在实际操作中建议用纯色作为背景色。

🔔注意：使用商业图片时注意版权问题。

（2）添加背景素材。

首先单击"画布"的任意空白处，可视化分区选择"设置看板页的格式"（毛笔图标），然后将滑块下拉至"壁纸"处选择壁纸，单击"图像"右侧的添加文件按钮，添加准备好的素材，如图 6.23 所示。此时的图片是无法填充整个画布的，如图 6.24 所示，这个时候我们只需要在"图像匹配度"下拉列表框中选择"匹配度"即可，效果如图 6.25 所示。

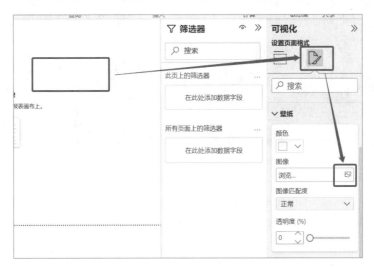

图 6.23　添加壁纸

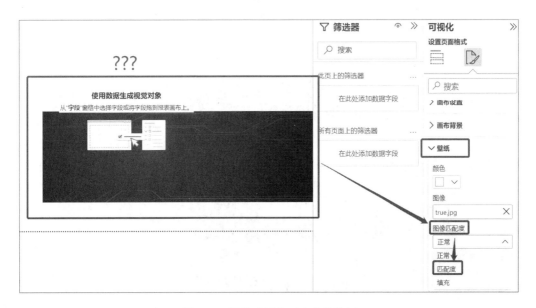

图 6.24　调整壁纸在画布上的比例

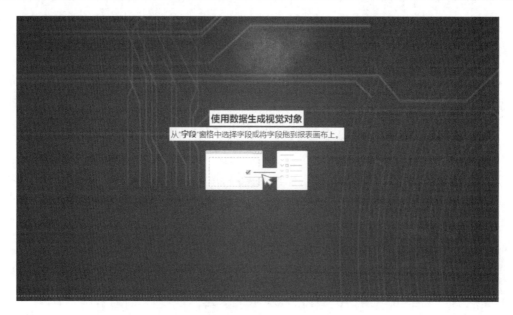

图 6.25　添加壁纸效果展示

🔔注意：由于后期会对可视化看板加入各种素材、文字、图形或数据等元素，所以建议壁纸选择纯色，避免后期可视化看板显得杂乱。操作方法如图 6.26 所示，依旧是单击"画布"任意空白处，可视化分区选择"设置看板页的格式"（毛笔图标），然后将滑块下拉至"壁纸"处，选择"壁纸"，单击"颜色"右侧的下拉按钮，在下拉列表框中选择合适的颜色即可。

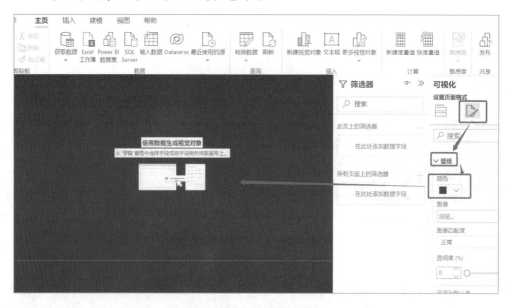

图 6.26　添加纯色壁纸效果展示

6.2.2　添加图中图

本小节将介绍如何添加图中图。看板的使用者并非都知道看板中的每个指标的定义，那么如何实现自动提示指标定义的功能呢？可以添加图中图。

首先创建一个新页面"图中图辅助页"，在画布中添加要用作提示的文本或图片，然后单击新页面的空白处，可视化分区选择"设置视觉对象格式"（毛笔图标），然后在"画布设置"的"类型"下拉列表框中选择"工具提示"或根据您自己的需要选择"自定义"选项自己设置高度和宽度。"垂直对齐"选择"中"，工具提示页就设置好了，如图 6.27 所示。

我们再回到之前的看板页面，单击需要添加提示的图表，单击可视化工具栏中的"设置视觉对象格式"（毛笔图标），在"常规"中选择"工具提示"，在"类型"下拉列表框中选择"报表页"，"页码"选择刚才创建的辅助页"图中图辅助页"，如图 6.28 所示，将提示页放在需要添加提示的图表上后，就会出现提示页的图片，如图 6.29 所示。

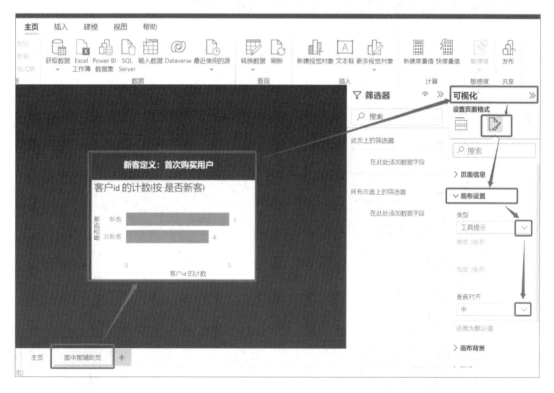

图 6.27　创建提示页

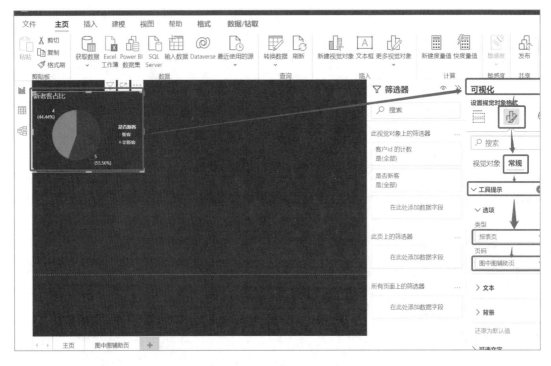

图 6.28　把提示页添加到需要提示的图表中

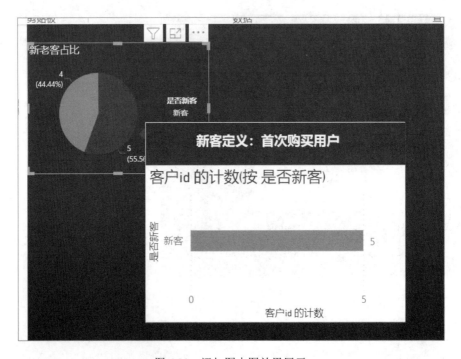

图 6.29　添加图中图效果展示

6.2.3　创建按钮与书签

本小节介绍如何在 Power BI Desktop 中创建多级菜单，实现下拉菜单的效果。当在导航区中单击一级菜单后会弹出下拉菜单，显示下一级的导航。

首先，我们要在每个页面上添加导航需要的按钮和文本框。例如，我们设计一个财务看板作为一级菜单，财务看板分为资产负债表、损益表和现金流量表，它们可用作二级菜单，操作方式如下：

选择菜单栏中的"插入"命令，在工具栏的"按钮"下拉列表框中选择"空白"，如图 6.30 所示。单击新创建的"空白"按钮，在右侧工具栏中选择"样式"，将"文本"右侧的按钮设置为"开"的状态后，在文本框中输入文本，然后调整字体、颜色和格式等，如图 6.31 所示。以此类推，将所有一级菜单和二级菜单的按钮全部添加在页面上，如图 6.32 所示。

🔔注意：可以在二级菜单下插入一个矩形图片并且调整好其大小及颜色，用来模拟下拉菜单的效果。

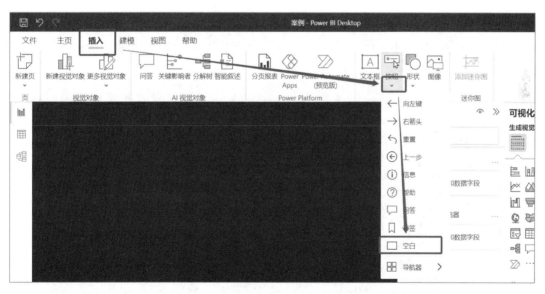

图 6.30　添加空白按钮操作展示

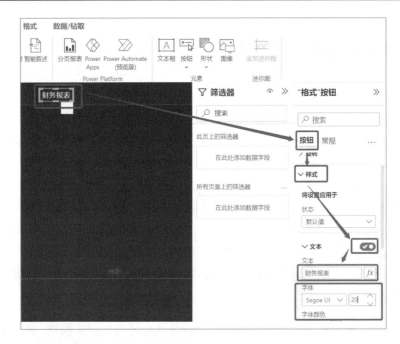

图 6.31　将空白按钮设置成需要的文本按钮

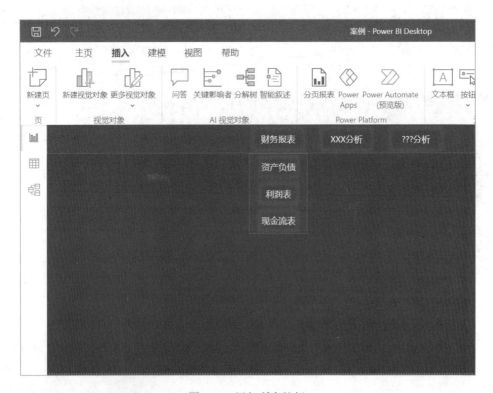

图 6.32　添加所有按钮

　　创建完所有菜单按钮后，需要设置其显示方式。单击按钮后，将会显示多级菜单，效果如图 6.33 所示。选择菜单栏中的"视图"命令，然后单击工具栏中的"选择"按钮，在"选择"区域中可以看到前面添加的菜单按钮，双击可以重命名。最后拖动组件，根据菜单顺序和包含关系对它们进行排序。此操作完成后，全选（按 Ctrl+A 快捷键）这些组件并复制（按 Ctrl+C 快捷键），然后将它们粘贴（按 Ctrl+V 快捷键）到其他需要下拉菜单的所有页面中。

注意：最初所有按钮在选择时不会显示对应的按钮名称，只会显示"按钮""形状"这样的名称，为了识别每个按钮和文本框，可以为它们重命名，以便于后面的操作。

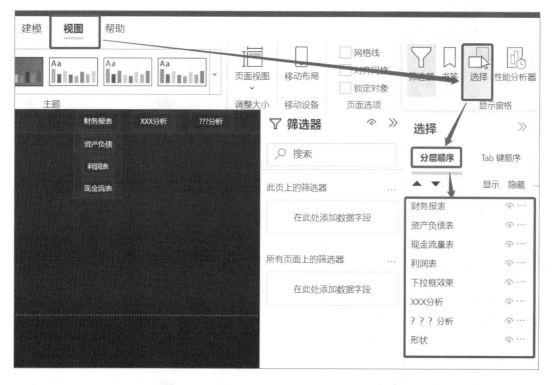

图 6.33　设置多级菜单

　　学习了如何创建按钮后，我们接着学习如何修改组件的显示和隐藏属性，并生成各级菜单的书签。选择菜单栏中的"视图"命令，单击工具栏中的"书签"按钮，在"选择"区域中单击需要隐藏的按钮名称右侧的"小眼睛"图标。在"书签"区域中单击"添加"按钮后，将新创建的"书签"改成一个合适的名称，便于后期使用对应的书签，如图 6.34所示，这样即创建了一个包含财务看板的二级菜单的书签，如图 6.35 所示。

注意：对于下拉菜单导航的设计，每页至少应该设计一个一级菜单和一个二级菜单。

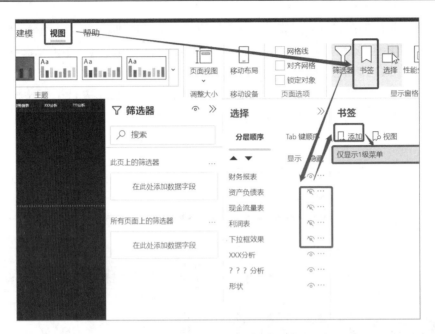

图 6.34　创建仅显示一级菜单的书签

图 6.35　创建包含财务看板二级菜单的书签

🔔注意：创建好书签后，如果画布上新增了图表，将制作好的可视化看板发布到线上时，你会发现单击新增图表页面对应的按钮时，画布上不会显示创建书签之后新增加的图表，这个时候可以在 Power BI Desktop 中选择"视图"命令，在"书签"区域找到按钮对应的书签，单击其右侧的三个点进行更新即可，如图 6.36 所示。

图 6.36　更新书签操作

6.2.4　进行多页面交互

学习了如何创建按钮和书签后，我们就可以实现多个页面的交互了。如图 6.37 所示，首先单击"财务报表"按钮，打开右侧"按钮"区域中的"操作"工具，在"类型"下拉列表框中选择"书签"，在"书签"下拉列表框中选择相应的书签。在本例中，当单击"财务报表"按钮时，财务报表的所有二级菜单都会出现，效果如图 6.38 所示。其他按钮可以用相同的方式添加对应的书签。

注意：在 Power BI Desktop 中需要按住 Ctrl 键的同时单击按钮才会跟踪按钮的链接。制作好的看板发布到网页上后，可以自动实现单击按钮就直接跟踪按钮链接的功能。

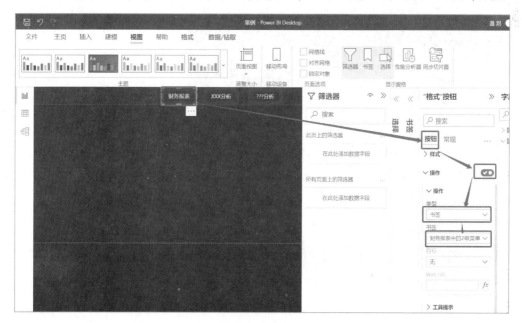

图 6.37　给按钮添加书签

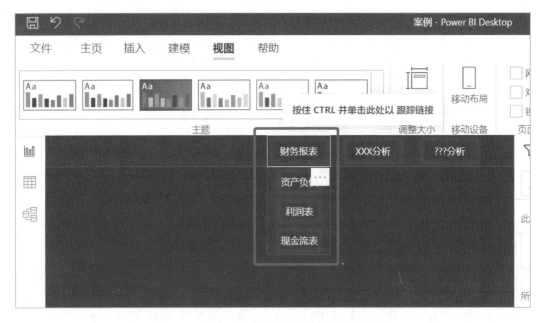

图 6.38　单击一级按钮弹出二级菜单效果展示

那么我们如何从财务报表页面跳转到×××分析页面呢？如图 6.39 所示，在财务报表页面中单击"×××分析"按钮，在其下添加"×××分析页面"的书签即可，效果如图 6.40 所示。其他按钮添加书签的方式类似，此处不再赘述。

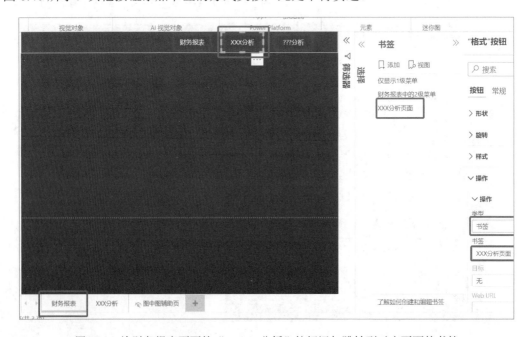

图 6.39　给财务报表页面的"×××分析"按钮添加跳转到对应页面的书签

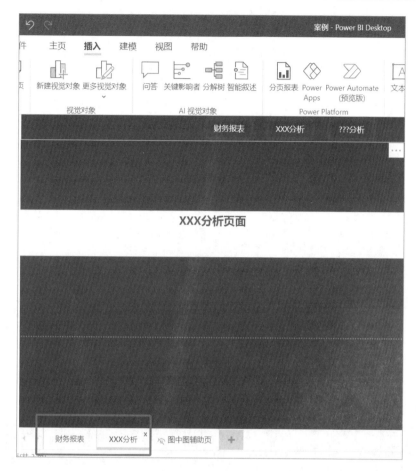

图 6.40　从财务报表页面跳转到×××分析页面效果展示

6.3　可视化看板设计

数据可视化可以让我们更直观地理解数据，并帮助我们分析数据所代表的意义，如果采用不适当的数据表示方式，将会误导我们的分析。本节将给出一些制作视觉看板的建议：

- 了解需求并扩展需求：了解看板用户的需求，知道用户想看什么数据及关注这些数据的原因，可以帮助我们扩大数字维度。
- 数据的准确性：这是最基本和最重要的一点。如果数据有误，后面的分析工作都是没有意义的。
- 选择合适的图形：应避免选择好看而不好理解或可能会误导用户的图形，如图 6.41 所示，我们可以在可视化工具栏中选择适当的图形。

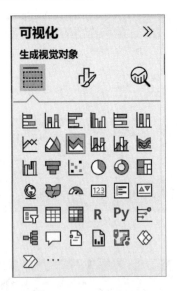

图 6.41　选择合适的图形

如果是基于数据比较，基于分类的数据，我们可以在 Power BI Desktop 中使用堆积条形图、堆积柱形图、簇状条形图和簇状柱形图。

如果是基于时间比较，则周期长或者分类多的情况可以使用折线图，如果分类少的情况，那么依旧可以使用柱状图，如图 6.42 所示。

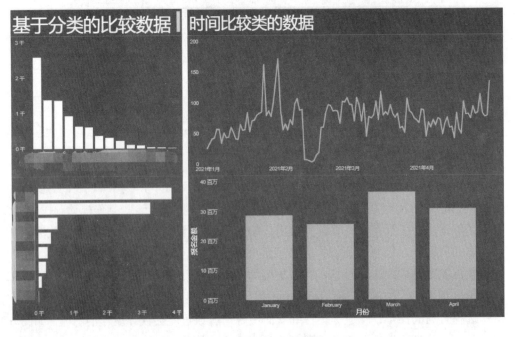

图 6.42　比较类图的使用

如果是静态的构成类的数据，如图 6.43 所示，当要展示每个类别占总体的比例时，可以选择饼图或者环形图；如果想要同时展示当月累计和全年累计的话，我们可以选择"瀑布图"；如果想要展示每个堆积元素占该分组总数据的百分比时，我们可以选择百分比堆积条形图或者百分比堆积柱形图。

如果是随着时间变化的，少数周期的我们可以选择"折线和堆积柱形图"或"折线和簇状柱形图"，多周期的我们可以选择"堆积面积图"。

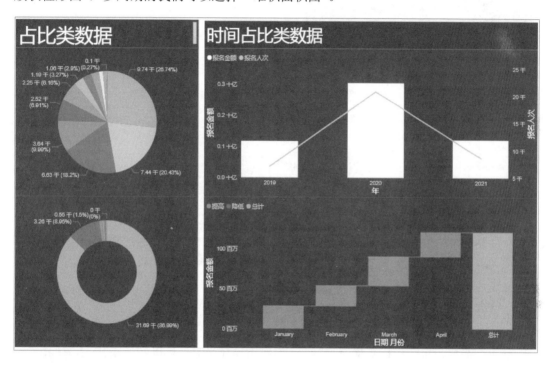

图 6.43　占比类图的使用

KPI 类数据展示可以使用卡片图、KPI 图和仪表图等，如图 6.44 所示。

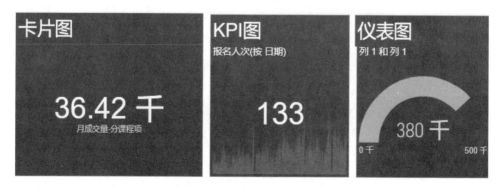

图 6.44　KPI 类图的使用

如果要表现数据分布或者联系，则可以用散点图；如果要展示数据的地理位置，则可以用地图，如图 6.45 所示。

图 6.45 散点图和地图的使用

6.4 使用者的阅读习惯

- 限制屏幕中的数据内容量。如果数据太多，则会造成阅读混乱，看不到重点。
- 考虑自上而下的阅读习惯，将关键指标放在顶部，将非常重要的指标放在顶部的中间部分，可以在下面列出一些详细信息。
- 确保字体统一，大小合适，数字标签或图片易于理解。例如，100 000 如果改成 10 万是不是更一目了然呢？
- 我们需要为每个指标数据添加释义。如何添加释义呢？可以参考 6.2.2 小节的内容。

第 7 章　Power BI 在线版

Power BI Online Service（在线版）的主要功能有仪表版在线编辑制作、共享看板（仪表板）、定时刷新和快速见解等。

本章的主要内容如下：

- 在线版的工作界面简介：了解 Power BI 在线版。
- 角色权限设置：在 Power BI Desktop（桌面版）中设置角色权限。
- 看板的安全性设置：在 Power BI 在线版中进行安全性设置。
- 共享看板：如何将 Power BI 在线版看板共享给其他人。
- 仪表板：将整个看板固定在仪表板上，将磁贴添加到仪表板上，给出仪表板的设计建议。
- 快速见解：将快速见解固定到仪表板上。
- 创建工作区：创建工作区来实现团队合作。
- 问与答功能的同义词设置：实现通过搜索同义词，找到对应的指标。

7.1　在线版的工作界面简介

打开 https://app.powerbi.com/home，登录账号后，将弹出如图 7.1 所示的页面，这是 Power BI 在线版本的启动界面。在图 7.1 中，由左上角九个小点组成的正方形是应用程序启动器。单击此图标后，选择 Power BI 将跳转到应用程序页面。读者可以购买 Power BI 的 Pro 版账号。如果读者购买了 Pro 账号并且是超管账号，那么还可以创建其他账号并设置账号权限。

注意：在在线版中可以对制作好的看板进行可视化操作，但建议尽量在 Power BI Desktop 中完成后再上传。

启动 Power BI 在线版，在启动页面左侧的导航器中单击"浏览"按钮，进入如图 7.2 所示的页面。在该页面中单击"浏览面板"下的"与我共享"按钮，可以与其他同事共享看板（可以在"与我共享"区域查看共享看板）；单击"工作区"按钮，可以根据不同部门和职责创建不同的工作区（具体创建方法将在 7.7 节中描述）；单击"我的工作区"，可以存储自己创建的所有看板；单击"OneLake 数据中心"按钮，进入如图 7.3 所示的数据中心，可以在数据中心页面上的"筛选器"中选择不同的数据获取方法，如选择"数据集"。

图 7.1　应用启动器

图 7.2　导航器常用模块

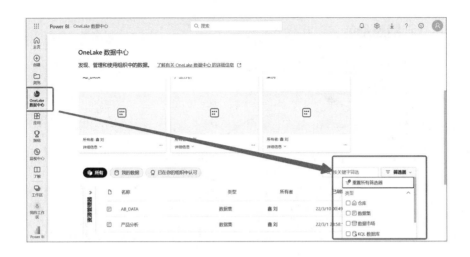

图 7.3　选择多种获取数据的方式

7.2　角色权限设置

当看板共享人的岗位和职责不同时，为了数据安全，我们需要先设置共享人员的查看权限，再共享看板。因此，在将制作好的 Power BI Desktop 看板上传到在线版本之前，需要在 Power BI Desktop 中设置行级权限。

首先，在 Power BI Desktop 中选择菜单栏中的"建模"命令，单击工具栏中的"管理角色"按钮，如图 7.4 所示，在弹出的"管理角色"页面中单击"创建"按钮，在"角色"文本框中输入权限名称（本例为"性别权限"），单击权限名称右侧的三个点按钮，在快捷菜单中单击要设置的权限表右侧的三个点按钮，如图 7.5 所示，再单击添加筛选器右侧的下拉按钮，在其中选择要设置的字段，如图 7.6 所示，单击"√"按钮，然后单击"保存"按钮，如图 7.7 所示。

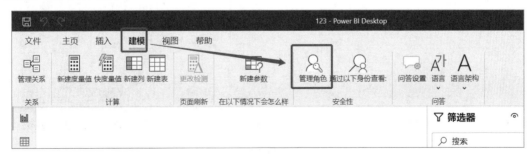

图 7.4　设置管理角色

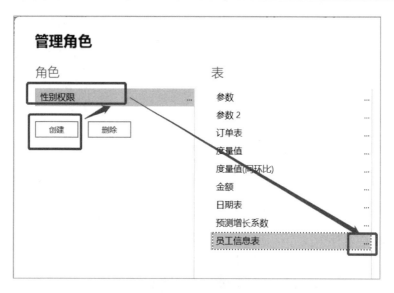

图 7.5 创建角色操作步骤 1

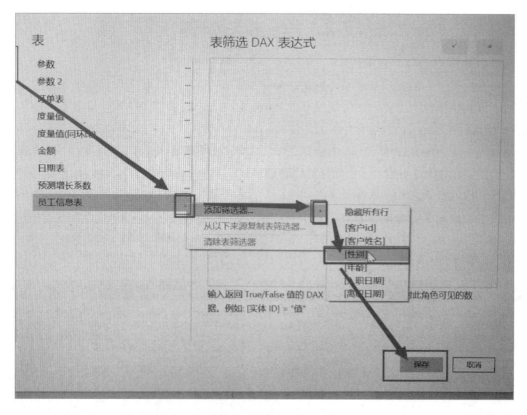

图 7.6 创建角色操作步骤 2

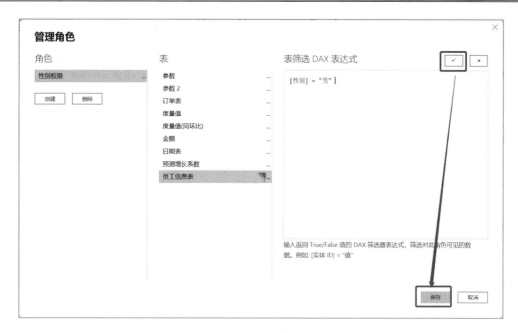

图 7.7 创建角色操作步骤 3

🔔注意: 设置好角色权限后, 我们可以选择菜单栏中的"建模"命令, 单击"通过以下身
份查看"按钮, 在弹出的"以角色身份查看"对话框中选择设置好权限角色, 单
击"确定"按钮, 就会以该角色的视角展示看板, 如图 7.8 所示。

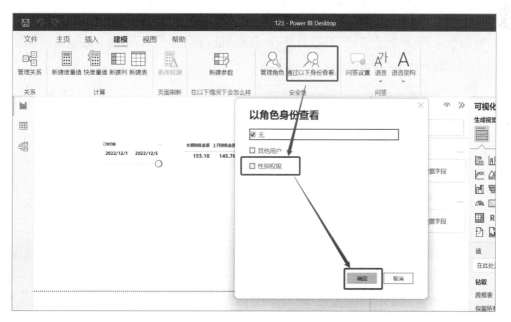

图 7.8 通过角色视角查看看板

最后将制作好并且设置好角色权限的看板发布到在线端。选择菜单栏的"主页"命令，在工具栏中单击"发布"按钮即可，如图 7.9 所示。

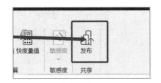

图 7.9　发布至线上

7.3　看板的安全性设置

打开 https://app.powerbi.com/home，启动 Power BI 在线版，登录账号。单击启动页面左侧导航器中的"我的工作区"按钮，在"我的工作区"面板上单击"筛选器"下拉按钮，在下拉列表框中选择"数据集"选项，单击要设置的数据集右侧的三个点按钮，弹出快捷菜单，在快捷菜单中选择"安全性"命令，弹出"行级别安全性"对话框，在这个对话框中选择角色名称，并输入被分享人的账号，单击"添加"按钮，最后单击"保存"按钮即可。完整的操作步骤如图 7.10～图 7.12 所示。

⌂注意：账号是由管理员创建的，并且分配了 Power BI Pro 用户许可证，可以读取他人已发布到 Power BI 服务的看板和仪表板并与之进行交互。

账号购买及使用方法可以参考网址 https://docs.microsoft.com/zh-cn/power.bi/admin/service.admin.purchasing.power.bi.pro。

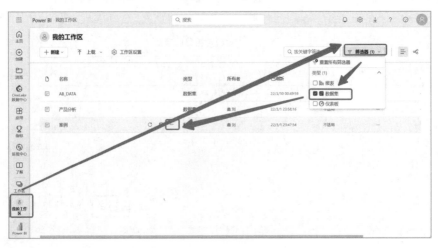

图 7.10　安全性设置操作步骤 1

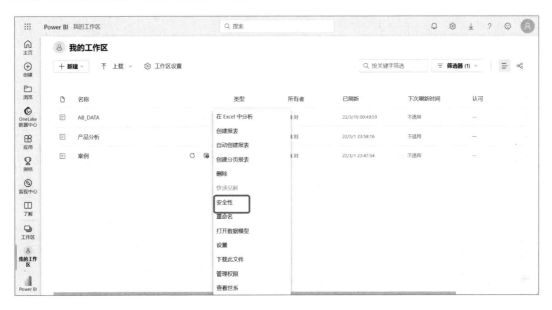

图 7.11　安全性设置操作步骤 2

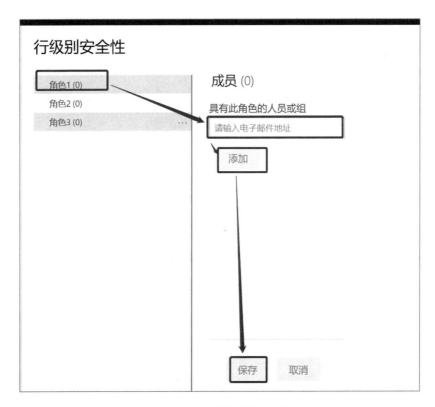

图 7.12　安全性设置操作步骤 3

7.4　共　享　看　板

如图 7.13 所示，在"我的工作区"面板中单击"筛选器"下拉按钮，在弹出的下拉列表框中选择"报表"选项，然后单击"分享"按钮，在弹出的"发送链接"对话框的文本框中输入被分享人的邮件地址，被分享人就可以正常打开报表进行查看，如图 7.14 所示。

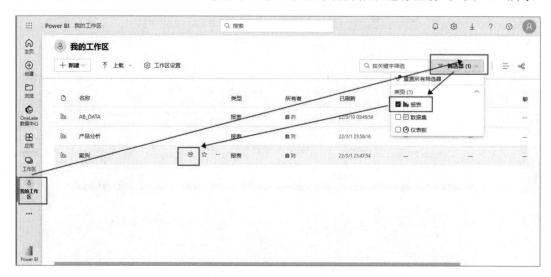

图 7.13　共享看板操作步骤 1

图 7.14　共享看板操作步骤 2

注意：在图 7.14 中单击"组织中具有该链接的人员可以查看和共享"，然后选择"你组织中的人员"，并勾选"允许收件人共享此报表"复选框可以设置链接的适用者，如图 7.15 和图 7.16 所示。

图 7.15　设置链接的适用者操作步骤 1

图 7.16　设置链接的适用者操作步骤 2

7.5　仪　表　板

创建仪表板的方法有很多，如可以通过看板、数据集或复制现有仪表板来创建。本节将介绍如何制作仪表板，如何添加磁贴及仪表板的设计建议。

7.5.1　将整个看板页固定在仪表板上

将整个看板页面固定在仪表板上的操作方法如图 7.17 和图 7.18 所示。首先，打开看板，单击上方工具栏中的三个点按钮，选择快捷菜单中的"固定到仪表板"命令，在弹出的"固定到仪表板"对话框中选择"现有仪表板"单选按钮，在"选择现有仪表板"下拉列表框中选择要放置的仪表板的名称（本例为"案例"），然后单击"固定活动页"按钮。

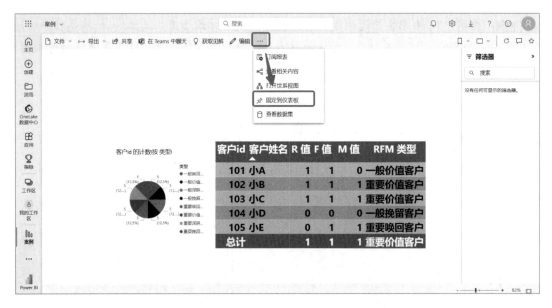

图 7.17 将整个报表固定到仪表板操作步骤 1

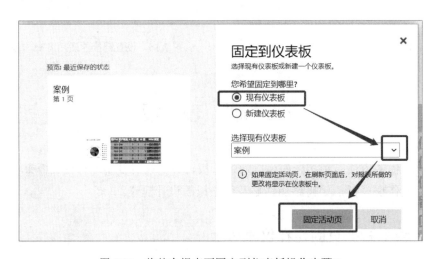

图 7.18 将整个报表页固定到仪表板操作步骤 2

7.5.2 将磁贴添加到仪表板上

磁贴是固定在仪表板上的数据快照。可以在看板、数据集、仪表板、问答框、Excel 和 SQL Server 等位置创建磁贴。仪表板和仪表板磁贴是 Power BI 在线版的一项功能。

如图 7.19 所示,打开看板后,选择要添加到仪表板中的磁贴。当将鼠标指针悬停在磁贴上时,类似图钉的按钮将出现在磁贴的右上角。单击图钉按钮,选择要固定的仪表板并单击"固定"按钮即可,如图 7.20 所示。

注意: 如果需要创建新的仪表板,则在图 7.20 中选择"新建仪表板"单选按钮后输入
新的仪表板名称即可。

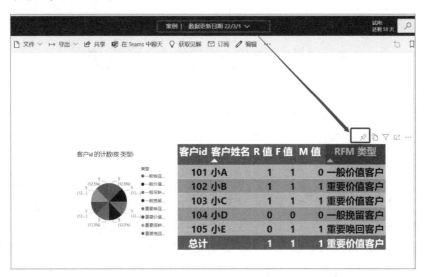

图 7.19 将磁贴添加到仪表板上操作步骤 1

图 7.20 将磁贴添加到仪表板上操作步骤 2

7.5.3 仪表板的设计

仪表板的设计建议如下:

• 需要限定仪表板中的内容,太多的数据会给读者造成混乱,不知道重点在哪里。

- 考虑从上到下的阅读习惯，把关键指标放在上面。
- 选择适合且直观的图形，避免为了美观性而选择不易理解的图形。
- 将有关联性的图形放在一起。
- 避免没有任何解释的数字单独出现。

7.6　将快速见解固定到仪表板上

Power BI 在线版可以在仪表板、看板或数据集中自动查找见解。通过在快速见解中提供的分析功能，可以搜索有待研究和发现的其他见解。如果在"快速见解"中有对分析有帮助的信息，那么可以有选择地添加到仪表板上。

选择"我的工作区"，在右侧菜单栏中选择"内容"，单击所需数据集右侧的三个点按钮，然后在快捷菜单中选择"快速见解"命令，如图 7.21 所示。之后将会用几秒钟的时间来搜索见解，如图 7.22 所示。见解搜索完毕后，单击"查看见解"按钮，如图 7.23 所示，此时将会显示一些视觉对象。可以向下拉动页面，选择所需的视觉对象。如果需要某个视觉对象，可以单击如图 7.24 所示的图钉按钮，然后选择将其放置的仪表板，或在创建新的仪表板后单击"固定"按钮，如图 7.25 所示。

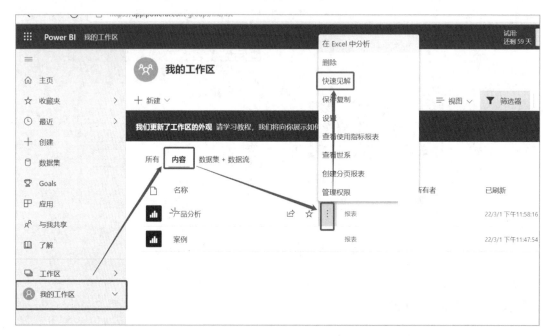

图 7.21　将快速见解固定到仪表板上操作步骤 1

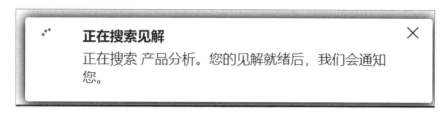

图 7.22　将快速见解固定到仪表板上操作步骤 2

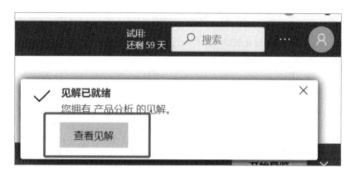

图 7.23　将快速见解固定到仪表板上操作步骤 3

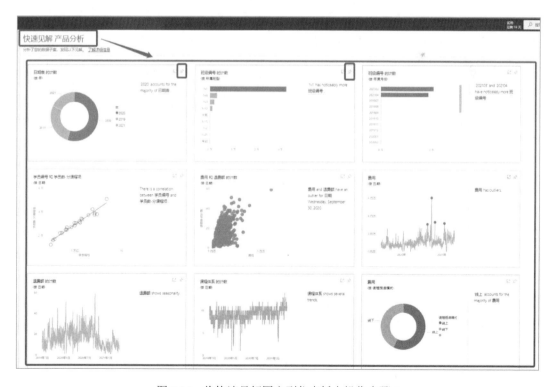

图 7.24　将快速见解固定到仪表板上操作步骤 4

图 7.25　将快速见解固定到仪表板上操作步骤 5

7.7　创建工作区

Power BI 在线版可以使用更加精细的工作区角色，从而在工作区中实现更灵活的权限管理。操作步骤如下：

首先启动 Power BI 在线版，在启动页面左侧的导航器中单击"工作区"按钮，然后在工作区面板中单击"新建工作区"按钮，如图 7.26 所示。在"创建工作区"模块中填写工作区"名称"和"说明"，然后单击"上载"按钮，选择保存在本地计算机中的图标，接着单击"高级"按钮，并输入"用户和组"名称，最后单击"应用"按钮，如图 7.27 所示。

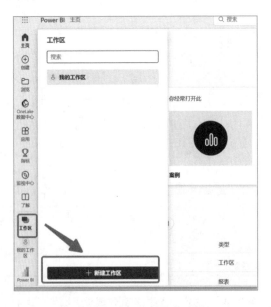

图 7.26　创建工作区操作步骤 1

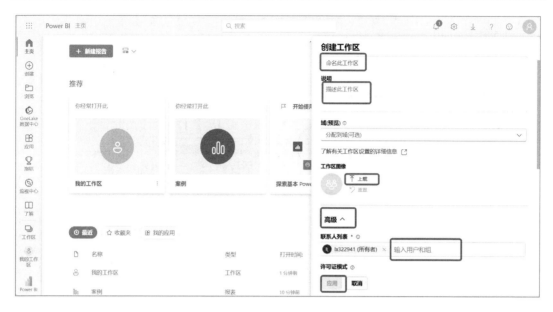

图 7.27　创建工作区操作步骤 2

工作区创建成功后，选择页面左侧导航器中新创建的工作区，然后单击"访问"按钮，如图 7.28 所示，在"访问"对话框中添加访问者的邮箱，然后将访问者的访问权限设置为"管理员""成员""参与者"或"查看者"。设置权限后，单击"添加"按钮，然后单击"关闭"按钮，如图 7.29 所示。操作完毕后，可以在此工作区中与合作伙伴一起协作创建和优化仪表板、看板和分页看板了。

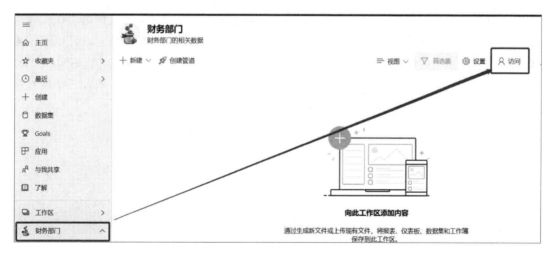

图 7.28　在新创建的工作区中找到访问功能

图 7.29　在访问中添加访问人并设置权限

7.8　问与答功能的同义词设置

在第 3 章中我们学习了如何在 Power BI Desktop 中创建同义词。同义词是为在线版本中的问与答功能提供的。如图 7.30 所示为 Power BI 在线版问与答功能展示，可以通过搜索关键词来展示相关的指标数据。有些字段是每个人都调用的，但关键字可能不同。例如，字段名是"月"，但有些人习惯用 month 来搜索，有些人会搜索"月份"。再如，字段名是"产品单价"，有些人习惯用"单价"进行搜索。

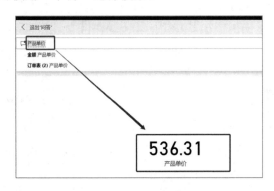

图 7.30　问与答功能展示

基于以上原因，我们可以设置同义词功能，实现无论用户使用什么关键字进行搜索，都可以在问与答功能中搜索到相应的指标数据。

让我们先回顾一下如何设置同义词。同义词设置方法如图 7.31 所示。在 Power BI Desktop 中，单击左侧工具栏中的"模型"，然后单击需要设置同义词的表格的对应字段，将滑块向下滑动到右侧"属性"工具栏的"同义词"区域中，在文本框中输入该字段所需的所有相关文本，每个文本用英文逗号分隔。例如，在本例中，"购买日期"的同义词是"购买日期,date,日期"。设置好同义词后，单击工具栏中的"保存"按钮，再单击"发布"按钮。发布成功后返回到在线版，可以搜索三个同义词中的任何一个同义词，都可以搜索到与"购买日期"相关的数据。

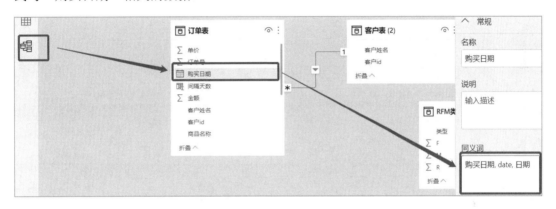

图 7.31　设置同义词操作演示

第 3 篇
项目案例实战

第 8 章　用 Power BI 制作数据大屏

每年"双十一",天猫都会在整点时刻直播战绩,想必读者都关注到了"炫酷"的数据大屏了吧。虽然我们无法使用阿里集团的商业智能系统制作可视化大屏,但是我们可以通过 Power BI Desktop 制作出同样的效果。本章我们就用 2022 年北京冬季奥运会的奖牌数据为例,做一个可视化大屏。

本章的主要内容如下:

- 数据准备——连接到 Excel 数据源。
- 数据清洗。
- 度量值计算。
- 制作可视化大屏。

8.1　数据准备——连接到 Excel 数据源

本节我们将介绍如何使用 Power BI Desktop 创建一个基于 2022 年北京冬季奥运会的奖牌数量的数据大屏。在制作之前,让我们先做一些数据导入与清洗等相关操作。

🔔注意:本章涉及的数据,可以在百度中搜索"和鲸社区",在社区中搜索"数据分析_小鑫"来下载。

首先,我们将 Excel 数据源导入 Power BI Desktop,单击左侧工具栏中的"模型"按钮,在上方工具栏的"获取数据"下拉列表框中选择"Excel 工作簿",如图 8.1 所示。在弹出的"打开"对话框中选择"2022 北京冬奥会奖牌榜明细",单击"打开"按钮,如图 8.2 所示。在弹出的"导航器"对话框中选择要导入的数据源,单击右下角的"加载"按钮,如图 8.3 所示,结果如图 8.4 所示。

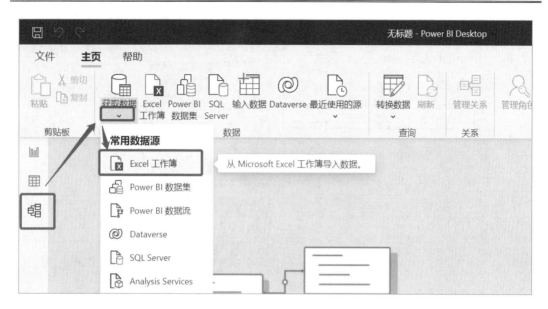

图 8.1　导入 Excel 数据操作步骤 1

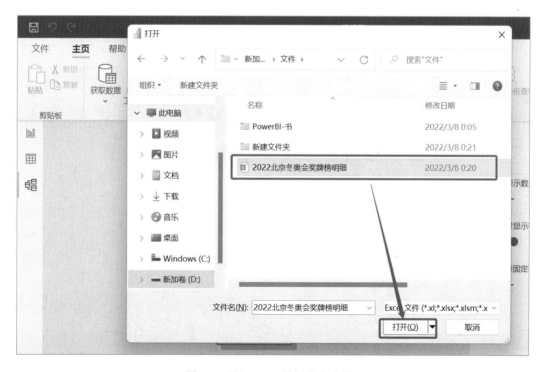

图 8.2　导入 Excel 数据操作步骤 2

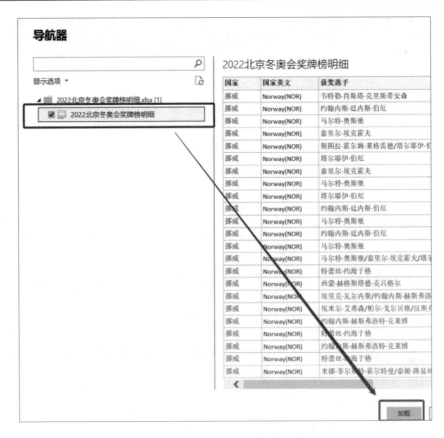

图 8.3　导入 Excel 数据操作步骤 3

图 8.4　导入 Excel 数据结果展示

8.2　数据清洗

如图 8.5 所示，我们可以看到，在"国家英文"列中，国家的英文名称和缩写在一列。如何将它们分为两列数据？并且"获奖时间"列的日期是数字格式，如何将数字格式更改为日期格式呢？接下来将介绍数据清洗的方法。

图 8.5　部分数据展示

8.2.1　拆分列

我们在第 2 章中讲解了拆分列的操作。这里我们可以使用"拆分列"功能将"国家英文"列的英文名称和缩写分为两列数据。

单击左侧工具栏中的"模型"按钮，然后单击菜单栏中的"主页"下方工具栏中的"转换数据"按钮，如图 8.6 所示，此时将会跳转到 Power Query 编辑器界面，选择需要清洗数据的表"2022 北京冬奥会奖牌榜明细"，然后选择要拆分的列"国家英文"，在上方工具栏中选择"转换"命令，在"拆分列"下拉列表框中选择"按分隔符"选项，如图 8.7 所示，在弹出的"按分隔符拆分列"对话框中，我们在"选择或输入分隔符"下拉列表框中选择"自定义"，并在下面的文本框中输入"("，然后单击"确定"按钮，如图 8.8 所示，效果如图 8.9 所示。可以看到在分类数据中，英文缩写后面还有一个右括号")"，此时，我们只需要按照前面的操作方式进行操作即可，删除多余的空白列即完成拆分。拆分效果如图 8.10 所示。

图 8.6　进入 Power Query 操作步骤

图 8.7　拆分列操作步骤 1

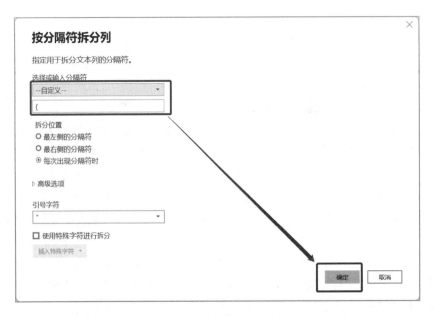

图 8.8　拆分列操作步骤 2

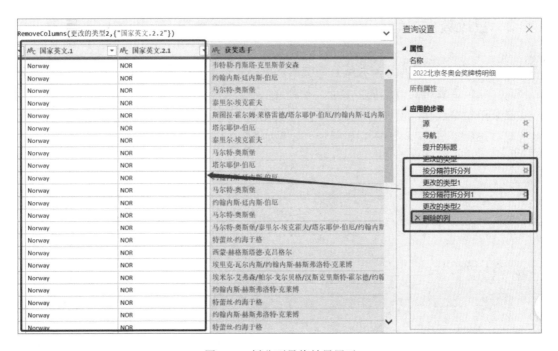

图 8.9 拆分列初步效果展示

图 8.10 拆分列最终效果展示

注意：如图 8.11 所示，在 Power Query 编辑器中你每操作一步都会在右侧的"应用的步骤"中显示，如果某个步骤操作错误，则只要单击错误步骤左侧的"✕"即可返回上一步。

图 8.11 "应用的步骤"使用方法

8.2.2 更改数据类型

拆分"国家英文"列后，我们将清洗时间数据。由于数据导入后的"获奖时间"是数值格式，我们需要用到第 2 章学习的日期格式转换，将其转换为日期格式。

在菜单栏中选择"主页"命令，单击需要更改数据类型的列名，在"数据类型"下拉列表框中选择"日期"，如图 8.12 所示，效果如图 8.13 所示。

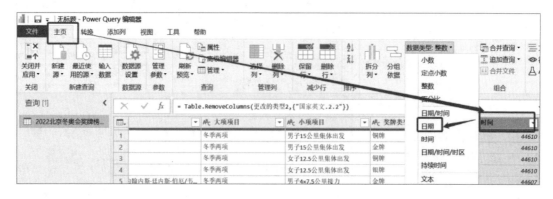

图 8.12 更改数据类型操作展示

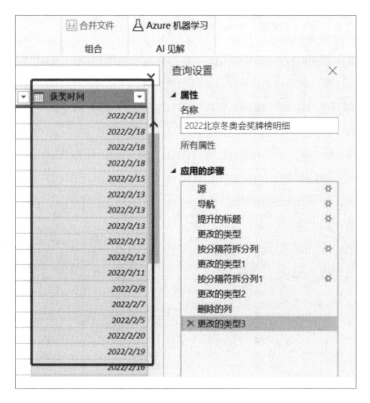

图 8.13 更改数据类型结果展示

注意：更改数据类型不仅可以在工具栏中进行修改，也可以单击每个列名左侧的数据类型的下拉按钮进行调整，如图 8.14 所示。

图 8.14 更改数据类型的其他方法

清洗完所有数据后，如图 8.15 所示，单击工具栏左侧的"关闭并应用"按钮，返回 Power BI Desktop 界面，可以看到数据已经变为清洗后的样式，如图 8.16 所示。

图 8.15　关闭并应用

获奖选手	大项项目	小项项目	奖牌类型	获奖时间	国家英文.1	国家英文.2.1
约翰内斯·廷内斯·伯厄	冬季两项	男子15公里集体出发	金牌	2022年2月18日	Norway	NOR
斯图拉·霍尔姆·莱格雷德/塔尔耶伊·伯厄/约翰内斯·廷内	冬季两项	男子4×7.5公里接力	金牌	2022年2月15日	Norway	NOR
马特·奥斯堡	冬季两项	女子10公里追逐	金牌	2022年2月13日	Norway	NOR
约翰内斯·廷内斯·伯厄	冬季两项	男子10公里短距离	金牌	2022年2月12日	Norway	NOR
马尔特·奥斯堡	冬季两项	女子7.5公里短距离	金牌	2022年2月11日	Norway	NOR
马特·奥斯堡/泰里尔·埃克霍夫/塔尔耶伊·伯厄/约翰内	冬季两项	4×6公里混合接力	金牌	2022年2月5日	Norway	NOR
特蕾丝·约海于格	越野滑雪	女子30公里集体出发	金牌	2022年2月20日	Norway	NOR
埃里克·瓦尔内斯/约翰内斯·赫斯弗洛特·克莱博	越野滑雪	男子团体短距离	金牌	2022年2月16日	Norway	NOR
特蕾丝·约海于格	越野滑雪	女子10公里	金牌	2022年2月10日	Norway	NOR
约翰内斯·赫斯弗洛特·克莱博	越野滑雪	男子个人短距离	金牌	2022年2月8日	Norway	NOR
特蕾丝·约海于格	越野滑雪	女子双追逐	金牌	2022年2月5日	Norway	NOR
约根·格拉巴尔克/延斯·卢拉斯·奥夫特布罗/埃里彭/比约恩	北欧两项	男子团体大跳台+4×5公里越野滑雪	金牌	2022年2月17日	Norway	NOR
约根·格拉巴尔克	北欧两项	男子个人大跳台+10公里越野滑雪	金牌	2022年2月15日	Norway	NOR
哈尔盖·恩格布罗滕/佩德·孔斯海于格/斯韦勒·伦德·彼得	速度滑冰	男子团体追逐	金牌	2022年2月15日	Norway	NOR
马里乌斯·林德维克	跳台滑雪	男子个人大跳台	金牌	2022年2月12日	Norway	NOR
伯克·鲁德	自由式滑雪	男子大跳台	金牌	2022年2月9日	Norway	NOR

图 8.16　清洗好的数据在 Power BI Desktop 中的展示

8.3　度量值计算

本节主要以 2022 年北京冬季奥运会奖牌数据为背景，回顾一下度量值的常用方法。

8.3.1　创建日期表

我们运用 5.1 节所学的内容，创建一个 2022 年 1 月 1 日至 2022 年 12 月 31 日全年的日期表，操作步骤如图 8.17 所示。单击左侧工具栏的看板按钮后，选择菜单栏中的"表工具"命令，然后在工具栏中单击"新建表"按钮，在文本框中输入以下表达式：

```
日期表 = ADDCOLUMNS (
CALENDAR ( date(2022, 01, 01), date(2022, 12, 31) ), ----第一个为开始日期, 后
面的为结束日期
"年",  YEAR ( [Date] ),
```

```
"季度", ROUNDUP( MONTH ( [Date] )/3, 0 ),
"月", MONTH ( [Date] ),
"周", WEEKNUM([Date]),
"年季度", YEAR ( [Date] ) & "Q" & ROUNDUP( MONTH ( [Date] )/3, 0 ),
"年月", YEAR ( [Date] ) * 100 + MONTH ( [Date] ),
"年周", YEAR ( [Date] ) * 100 + WEEKNUM ( [Date] ),
"星期几", WEEKDAY([Date]))
```

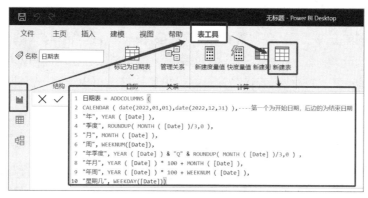

图 8.17　创建日期表操作步骤

8.3.2　计算金牌数占总奖牌数的百分比

首先，让我们整理一下思路。如果要计算金牌在总奖牌中的占比，那么需要知道金牌数量和总奖牌数量，然后将两个值相除即可，本节将使用前面介绍的 CALCULATE、DIVIDE 及 COUNT 函数来实现。

如图 8.18 所示，首先在"表格名称"上单击鼠标右键，然后在弹出的快捷菜单中选择"新建度量值"命令，并在文本框中输入以下表达式：

图 8.18　计算金牌数占总奖牌数的百分比操作展示

```
金牌数/总奖牌数 =
DIVIDE(
CALCULATE(COUNT('2022 北京冬奥会奖牌榜明细'[获奖选手]), '2022 北京冬奥会奖牌榜明
```

细'[奖牌类型] IN{"金牌"})
, COUNT('2022北京冬奥会奖牌榜明细'[获奖选手]))

🔔注意：在新建度量值时会创建一个空白表，专门用来计算度量值，这样就可以避免如果
　　　在实际数据表中有很多字段，使用时不方便找到我们写好的计算字段。

8.3.3　计算中国的金牌数

要计算中国的金牌数量，我们需要两个筛选条件：一个是"国家"等于"中国"，另一
个是"奖牌"等于"金牌"。在整理好这个思路后，就可以很轻松地编写度量值表达式了。

如图 8.19 所示，右键单击表格名称，在弹出的快捷菜单中选择"新建度量值"命令，
然后在文本框中输入以下表达式：

```
中国金牌数 =
CALCULATE(COUNT('2022北京冬奥会奖牌榜明细'[获奖选手])
, '2022北京冬奥会奖牌榜明细'[奖牌类型] IN{"金牌"}
, '2022北京冬奥会奖牌榜明细'[国家] IN {"中国"})
```

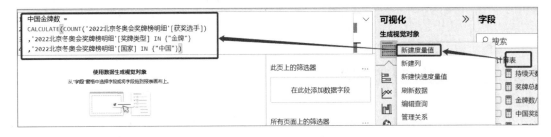

图 8.19　计算中国的金牌数量操作展示

8.3.4　计算持续天数

要计算持续天数，我们需要得到最早的获胜日期和最晚的获胜日期，这里我们将使用
前面介绍的 VAR、DATEDIFF、MIN 和 MAX 函数来实现。

操作步骤如图 8.20 所示，右键单击表格名称，在弹出的快捷菜单中选择"新建度量
值"命令，然后在文本框中输入以下表达式：

```
持续天数 =
VAR Start_date=MIN('2022北京冬奥会奖牌榜明细'[获奖时间])
VAR Stop_date=MAX('2022北京冬奥会奖牌榜明细'[获奖时间])
//间隔天数+1 等于总计持续天数
VAR Date_Range_Length=DATEDIFF(Start_date, Stop_date, DAY)+1
Return Date_Range_Length
```

图 8.20　计算持续天数

8.4　制作可视化大屏

完成了数据导入、数据清洗和度量值计算等前期准备工作后，在制作可视化看板之前，我们需要考虑在"画布"上显示哪些数据。本节针对现有数据设计了如图 8.21 所示的布局，中间是主要展示的主题，左右两侧是子主题。

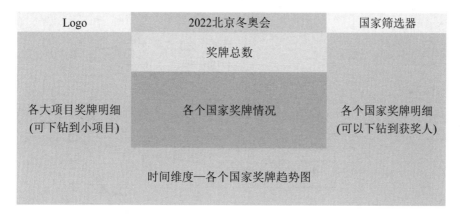

图 8.21　大屏布局设计

注意：由于数据有限，这里展示的数据仅供参考，在实际工作中按需合理设计即可。

然后需要对导入奖牌榜数据的表与新建的日期表进行建模，建模操作可以参考第 3 章。如图 8.22 所示，我们单击左侧工具栏中的"模型"按钮，将日期表的 Date 字段拖到奖牌榜表的"获奖时间"字段，建立日期表和奖牌表一对多的关系。

接下来就可以进入大屏幕制作流程了。首先需要设置墙纸，这样可以使大屏幕更美观，设置方法在 6.2.1 节中介绍过，让我们回顾一下。单击画布空白处，然后单击右侧工具栏中的"设置看板页的格式"按钮（毛笔图标），选择"壁纸"，在"图像"区域中单击"浏览"右侧的按钮，选择准备好的图像，然后单击"打开"按钮，如图 8.23 所示。由于新导入的图片不会填满整个画布，此时只需要在图 8.24 中将"图像匹配度"下拉列表框的"正常"更改为"匹配度"即可，效果如图 8.25 所示。

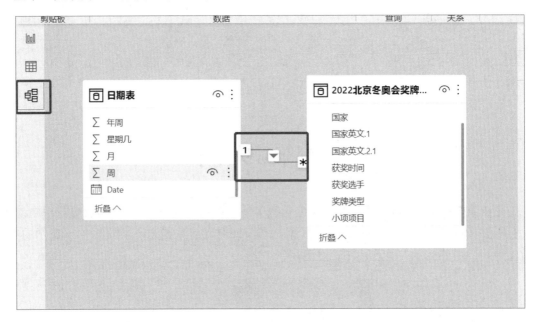

图 8.22　数据建模操作展示

图 8.23　添加壁纸操作展示

图 8.24　设置图像匹配度

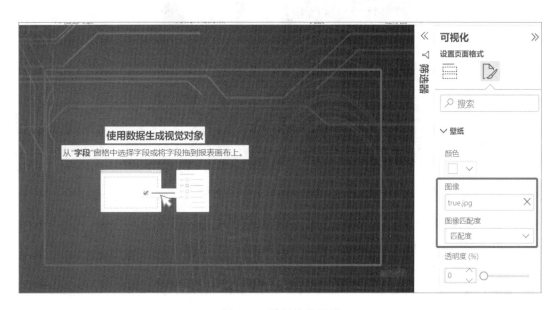

图 8.25　壁纸效果展示

因为冬奥会会徽有一些深色的部分与我们设置的背景重叠，所以需要插入一个浅色矩形。

在菜单栏中选择"插入"命令，在工具栏的"形状"下拉列表框中选择一个矩形，如图 8.26 所示，然后单击插入的矩形，选择"形状"|"样式"|"填充"，选择合适的颜色并调整透明度，就创建成功了，如图 8.27 所示。

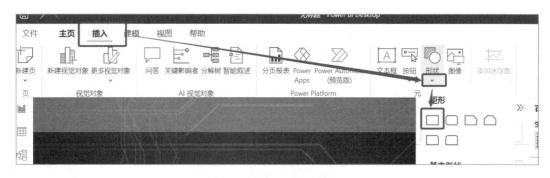

图 8.26 插入矩形操作展示

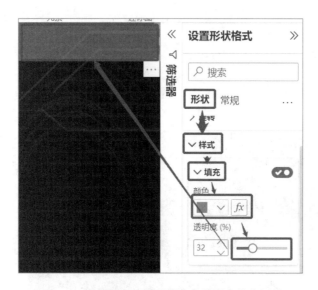

图 8.27 调整插入的矩形颜色和透明度操作展示

　　添加好壁纸和矩形后，下面将添加标题。在菜单栏中选择"插入"命令，然后单击工具栏的"文本框"按钮，在空白文本框中输入标题内容，如图 8.28 所示。此时文本框背景为白色，与壁纸格格不入，而且字体太小了。接下来将进行文本框美化。

图 8.28 插入文本操作展示

首先解决字体颜色和字体太小的问题，如图 8.29 所示，当我们单击文本框后会自动弹出一个工具栏，我们可以在工具栏中调整字体和字号等。

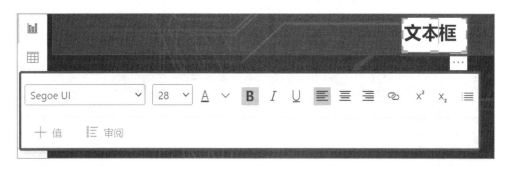

图 8.29　调整字体和字号操作展示

下一步是调整文本框的颜色。此时文本框的背景为白色，和我们的壁纸格格不入，操作方法类似于刚才的调整矩形。单击文本框，在右侧的"常规"区域中选择"效果"，将"背景"下的"透明度"拉至 100%，这样文本没有突兀的白色背景了，如图 8.30 所示。

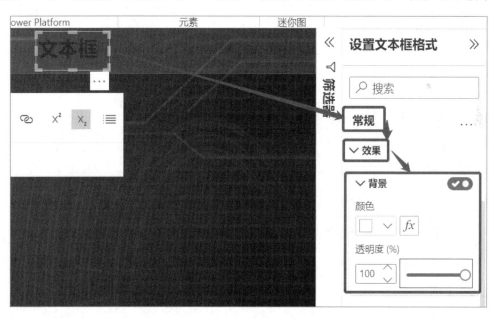

图 8.30　调整文本框颜色透明度操作展示

接下来我们插入北京冬奥会会徽和其他元素来美化标题。在菜单栏中选择"插入"命令，然后单击工具栏中的"图像"按钮，在弹出的"打开"对话框中选择图片，然后单击"打开"按钮，如图 8.31 所示，图片插入效果如图 8.32 所示。其他元素的插入方法类似，此处不再赘述，导入图片后调整大小并放在合适的位置上即可。

🔔**注意**：导入的图片素材要选择矢量图，避免影响看板的风格和美观度。

图 8.31　插入图片操作方法展示

图 8.32　插入图片效果展示

　　然后我们可以使用之前处理过的数据以图表的形式展示了。在奖牌表的数据源中选择"大项项目"字段并将其放置在"轴"中，将度量值"奖牌数"放在"值"里，此时将自动生成一个图表，然后我们可以在"可视化"工具栏中选择适当的图表，如图 8.33 所示。接着调整字体和背景色，操作方法可参考 6.1.3 小节。其他图表的创建方法以此类推，最终效果如图 8.34 所示。

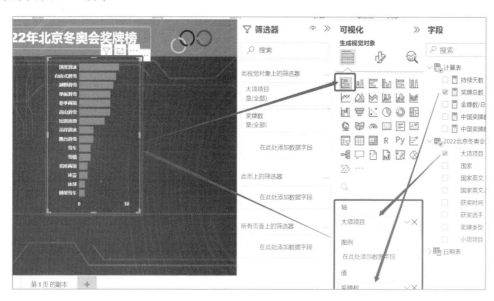

图 8.33　创建图表操作步骤展示

图 8.34　最终效果展示

注意：如果需要调整度量值的格式，快捷操作方法是，单击对应的"度量值"按钮，然后可以在工具栏上方对数据格式进行调整，如图 8.35 所示。

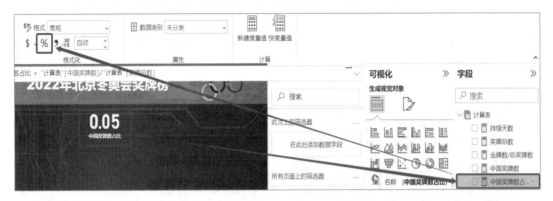

图 8.35 快速调整数据格式操作展示

第9章　制作多页面交互式可视化看板实操案例

还记得第 6 章介绍的通过按钮和书签实现的多页面交互操作吗？本章我们将通过一些外卖数据创建一个多页交互式的视觉看板。

本章的主要内容如下：

- 数据准备——连接到 MySQL 数据源。
- 数据清洗。
- 制作可视化看板。

9.1　数据准备——连接到 MySQL 数据源

本节我们将讲解如何基于相关的外卖数据使用 Power BI Desktop 制作一个多页面交互的可视化看板。在制作看板之前，我们需要先将 Power BI Desktop 连接到 MySQL 数据源。

> ⛄注意：本章涉及的数据可以在百度中搜索"和鲸社区"，在社区中搜索数据分析_小鑫进行下载。

首先，我们需要连接到 MySQL 数据源。单击左侧工具栏中的"模型"，在上方的"获取数据"下拉列表框中选择"更多"按钮，如图 9.1 所示。在弹出的"获取数据"对话框中选择"MySQL 数据库"，然后单击"连接"按钮，如图 9.2 所示，弹出"MySQL 数据库"对话框，在文本框中输入服务器 IP 地址和创建的数据库名称，单击"确定"按钮，如图 9.3 所示。在弹出的对话框中输入数据库账号和密码，然后单击"连接"按钮，如图 9.4 所示。在"导航器"对话框中选择所需的表格，然后单击"加载"按钮，就完成了将数据从 MySQL 中导入 Power BI Desktop 的操作，如图 9.5 所示。

> ⛄注意：关于服务器 IP 地址的查询方法，可以同时按住键盘上的 WIN 和 R 键后，在弹出的"运行"对话框中输入 CMD，然后单击"确定"按钮，如图 9.6 所示。在

命令窗口中输入"ipconfig/all"后，将滑块下滑至"IPv4 地址"，其右侧就是在图 9.3 中服务器下面需要的地址，如图 9.7 所示。

图 9.1　连接 MySQL 操作步骤 1

图 9.2　连接 MySQL 操作步骤 2

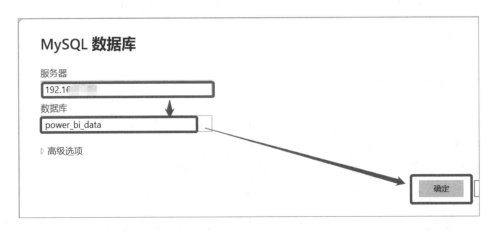

图 9.3　连接 MySQL 操作步骤 3

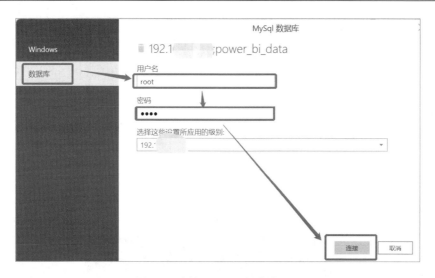

图 9.4　连接 MySQL 操作步骤 4

图 9.5　连接 MySQL 操作步骤 5

图 9.6　查询 IP 地址步骤 1

图 9.7　查询 IP 地址步骤 2

9.2　数 据 清 洗

本节我们将通过外卖数据来回顾第 2 章学过的文本替换及追加查询功能的使用。

9.2.1　文本替换

如图 9.8 所示，"月售"字段是由文本和数值构成的。这样是无法进行计算的，因此我们需要把文本部分去掉，保留数值部分。

店铺名称	评分	月售	时间
喇喇排骨火锅(望京西园店)	4.6	月售381	30分钟
明洞刀切面.炭烤牛排(望馨店)	5	月售95	30分钟
庭院(望京店)	4.7	月售1336	30分钟
蒋忠洞王猪蹄	4.6	月售107	30分钟
源泉喇喇土豆脊骨锅	4.7	月售570	34分钟
小草屋韩餐	4.8	月售321	31分钟
金故事韩餐(望京店)	4.4	月售680	30分钟
丰茂烤串(港旅店)	5	月售586	30分钟
朴嫂韩式炸鸡(望京店)	4.7	月售1088	30分钟

图 9.8　数据展示

单击左侧工具栏中的"模型"按钮，然后单击要清洗的表，再单击上方工具栏中的"转换数据"，如图 9.9 所示。进入 Power Query 后，在左侧数据列表中单击要清洗的表，再单击要清洗的列名，然后单击上方工具栏中的"替换值"，如图 9.10 所示。在弹出的"替换值"对话框中填写要查找的值和替换的值，然后单击"确定"按钮，如图 9.11 所示。结果如图 9.12 所示。清洗完数据后，单击左上角工具栏中的"关闭并应用"下拉按钮，如图 9.13 所示。

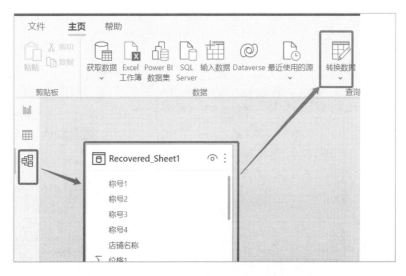

图 9.9　进入 Power Query 页面操作方法展示

图 9.10　替换值操作步骤 1

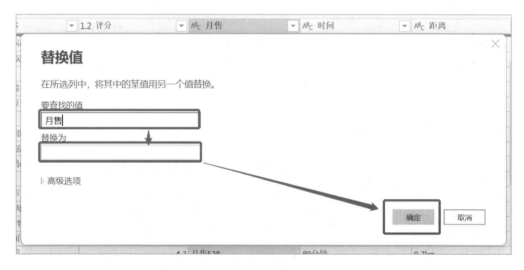

图 9.11　替换值操作步骤 2

图 9.12　替换值操作结果展示

图 9.13　关闭并应用清洗好的数据

9.2.2　追加查询

如图 9.14 所示，我们想要将两个表合并成一个表，应该如何操作呢？

图 9.14　数据展示

如图 9.15 所示，单击表 1 后，单击上方工具栏中的"追加查询"，在弹出的"追加"对话框中选择"两个表"单选按钮，在"要追加的表"下拉列表框中选择表 2，然后单击"确定"按钮，表 2 的内容就合并到表 1 中了，如图 9.16 所示。

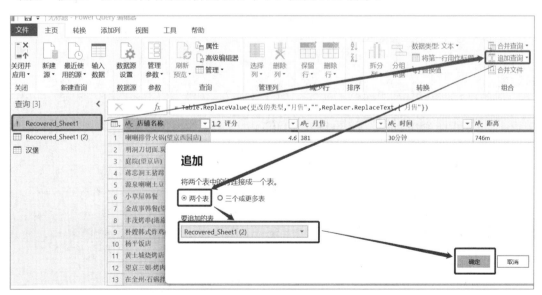

图 9.15　追加查询操作展示

图 9.16　追加查询结果展示

9.3　制作多页面交互式的可视化效果

本节我们将基于外卖数据创建一个看板，并且通过"按钮"和"书签"功能实现多页面交互的效果。同样，我们将通过本章的实践回顾一下前几章讲解过的一些内容，让我们开始吧。

9.3.1　添加壁纸以及复制和隐藏页面

如图 9.17 所示，单击右侧"可视化"工具栏中的"设置看板页的格式"按钮（毛笔图标），然后将滑块滑至"壁纸"处后，单击"图像"下的"浏览"右侧的按钮，在弹出的"打开"对话框中选择准备好的"背景图片"，然后单击"打开"按钮。由于此时图片不会完全填满整个画布，如图 9.18 所示，我们需要在"图像匹配度"下拉列表框中将"正常"变更为"匹配度"，调整的效果如图 9.19 所示。

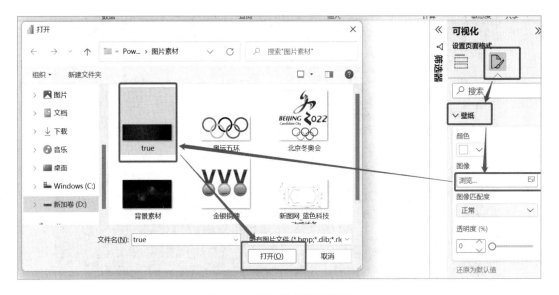

图 9.17　添加壁纸操作展示

图 9.18　调整图像匹配度操作展示

　　由于我们需要制作多个页面，因此背景必须统一。添加壁纸后，右击下方的 Sheet 页，在弹出的快捷菜单中选择"复制页"命令，如图 9.20 所示，这样就可以得到与第一页背景相同的页面，如图 9.21 所示。然后右键单击 Sheet 页，在弹出的快捷菜单中选择"重命名页"命令，将相应的页面更改为合适的名称，如图 9.22 所示。

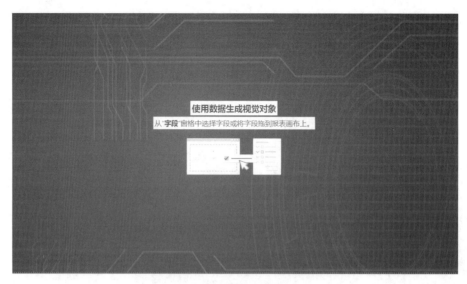

图 9.19　添加壁纸效果展示

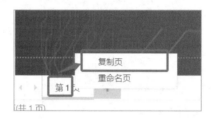

图 9.20　复制页操作展示

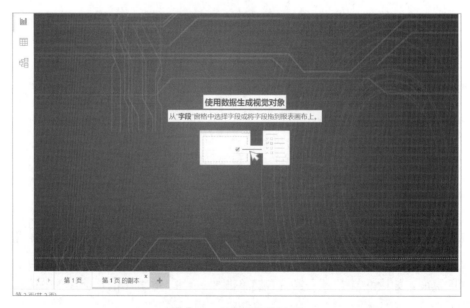

图 9.21　复制页效果展示

因为我们想制作一个交互式看板，而查看器只显示一个页面，所以我们只需要显示主页，将其他页面隐藏。单击对应的 Sheet 页后，在弹出的快捷菜单中选择"隐藏页"命令即可，如图 9.23 所示。

图 9.22　重命名页面操作展示　　　　　　　图 9.23　隐藏页面操作展示

9.3.2　制作下拉式导航菜单

首先，我们添加一个图形作为导航和图表的分区。单击上方工具栏中的"形状"下拉按钮，在下拉列表框中然后选择"矩形"。单击画布中添加的"矩形"，在右侧工具栏的"设置形状格式"中单击"填充"，然后选择颜色后，再调整透明度，起到分区作用的矩形就制作成功了，如图 9.24 所示。

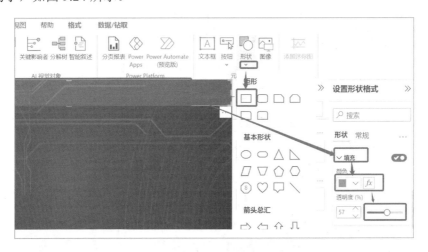

图 9.24　添加矩形操作展示

然后，我们开始添加按钮。单击上方工具栏中的"按钮"下拉按钮，在下拉列表框中选择"空白"，如图 9.25 所示。单击刚才添加的空白按钮，在右侧工具栏的"格式"按钮区域中选择"样式"，将"文本"右侧的按钮设为打开状态，并调整字体格式、大小和颜色等，如图 9.26 所示。以此类推，添加所有按钮并将其调整到适当的位置，如图 9.27 所示。添加完所有按钮后，全选所有按钮（按 Ctrl+A 快捷键）并复制（按 Ctrl+C 快捷键），然后将它们粘贴到新页面（按 Ctrl+V 快捷键）中，这样就将按钮添加到所有页面中了。

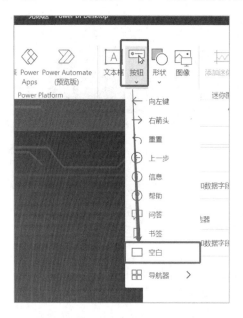

图 9.25　添加空白按钮操作展示

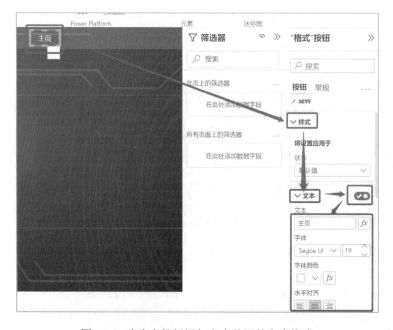

图 9.26　为空白按钮添加文本并调整文本格式

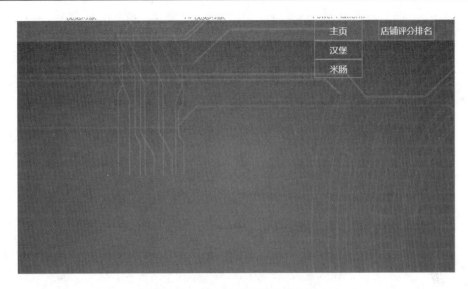

图 9.27　添加按钮后的效果展示

做好导航按钮后我们可以将每个页面要展示的图表加入画布中，如图 9.28 和图 9.29 所示。

图 9.28　加入图表展示 1

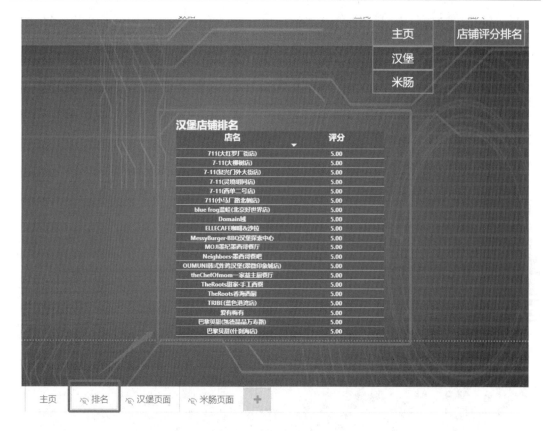

图 9.29　加入图表展示 2

9.3.3　制作书签

添加好图表后，我们可以利用"书签"功能来实现与页面的交互。如图 9.28 所示，所有按钮都显示在画布上，然而我们只想在主页按钮被触发后显示"汉堡"按钮和"米肠"按钮。如果未触发，则不会显示。

单击上方工具栏中的"书签""选择"，如图 9.30 所示，在"选择"工具栏中单击"汉堡的按钮""米肠的按钮"右侧的眼睛图标，如图 9.31 所示。关闭此可视对象后，单击"书签"工具栏中的"添加"按钮，即可只显示所需的主页页面。

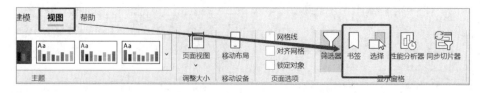

图 9.30　添加书签

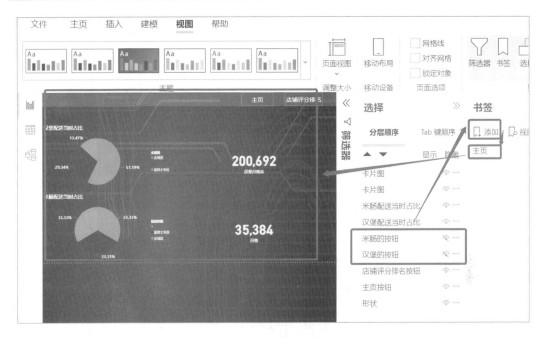

图 9.31　添加主页书签

如图 9.32 所示，我们根据上述方法为所有需要显示的页面添加书签。制作好所有书签后，我们给按钮添加相应的书签。如图 9.33 所示，单击"主页"按钮，在右侧的"格式"按钮区域中单击"操作"右侧的打开按钮，"类型"选择为"书签"，在"书签"中选择制作好的书签名称，本例为"触发主页后"，当单击主页时，将会跳转到相应的书签页。以此类推，我们将之前做的所有按钮添加上对应的书签，多页面交互式可视化看板就创建完成了。

图 9.32　制作的书签展示

注意：对于 Power BI Desktop 添加好书签的按钮，只能通过按住键盘上的 Ctrl 键并单击按钮来实现页面跳转。但是，当看板发布到在线版本上时，可以直接单击按钮实现页面交互。

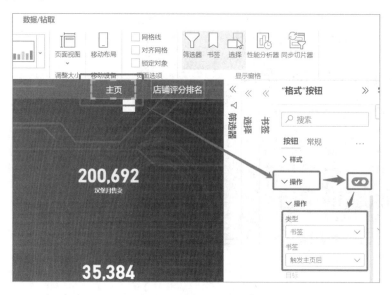

图 9.33　给按钮添加书签操作展示

第 10 章　用 Power BI 制作分析报告

作为一名分析师，可能要经常写日报和周报。二者除了数据不同，文案和框架是相似的，但每次我们写 PPT 时必须逐个更新数据和图表。本章将介绍如何通过 Power BI 实现自动更新数据的分析报告。让我们开始最后一章的旅程吧！

本章的主要内容如下：

- 数据准备——连接到 Web 数据源。
- 度量值计算回顾。
- 用智能叙述功能创建可视化分析看板。
- 如何编写分析报告：了解编写分析报告的逻辑与注意事项。

10.1　数据准备——连接到 Web 数据源

本节我们将介绍如何基于新旧页面的一组 AB 测试数据编写 AB 测试结果分析报告。

在编写分析报告之前，我们依旧需要做最基本的数据导入和数据清洗等工作。

🔔注意：本节涉及的数据可以在百度中搜索"和鲸社区"，在社区中搜索数据分析_小鑫，下载数据集。

首先，我们将 Power BI 连接到 Web 数据源，操作步骤如图 10.1 所示。单击左侧工具栏中的"模型"，然后在上方的"获取数据"下拉列表框中选择 Web 选项将弹出"从 Web"对话框。在 URL 文本框中输入网址，然后单击"确定"按钮，如图 10.2 所示，此时将弹出"导航器"对话框，在其中选择需要的数据，然后单击"加载"按钮，如图 10.3 所示，效果如图 10.4 所示。

图 10.1　导入 Web 数据操作步骤 1

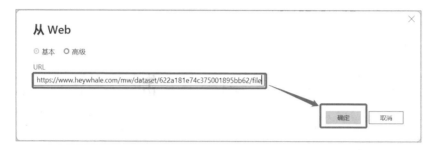

图 10.2　导入 Web 数据操作步骤 2

图 10.3　导入 Web 数据操作步骤 3

图 10.4　导入 Web 数据结果展示

⏰注意：如果想要更改表名，在左侧的工具栏中单击"模型"按钮后，再单击需要更改名
称的表，在右侧的"属性"区域中将"名称"更改为新表名即可，如图 10.5 所示。

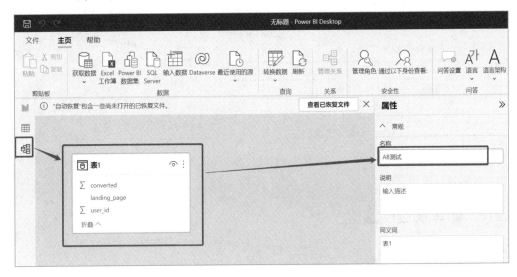

图 10.5　更改表名

10.2　度量值计算回顾

本节我们将通过 AB 测试数据，回顾新建列、新建快速度量值、DIVIDE 除法函数、
CALCULATE 筛选函数和 DISTINCT 去重计算函
数的用法。

10.2.1　新建列功能

如图 10.6 所示，原本 converted 列是用 0 和 1
代表是否转化，如果想新增一列直接用"成功"
和"不成功"的文本格式来展现该如何操作呢？

如图 10.7 所示，单击左侧工具栏中的"数据"
按钮，再单击上方工具栏中的"新建列"按钮，
在文本框中输入以下表达式，生成一个新的"是
否转化"列。

图 10.6　原始数据展示

```
是否转化 = IF('AB 测试'[converted]=1,"成功","失败")
```

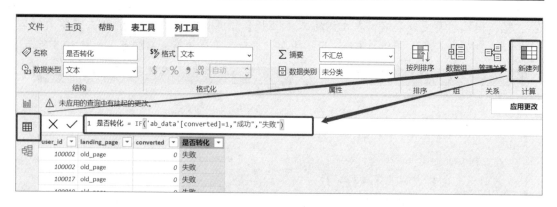

图 10.7　新建列操作展示

10.2.2　新建快速度量值

如果想统计新页面上的测试数据总数，如何使用新建快速度量值功能？如图 10.8 所示，右键单击表名，在弹出的快捷菜单中选择"新建快速度量值"命令。在弹出的"快度量值"对话框中，单击"计算"下拉列表框，将滑块滑至"筛选器"，

图 10.8　新建快速度量值

选择"已筛选的值"，如图 10.9 所示，然后将数据源对应的字段拖入"基值"区域，在下拉列表框中可以选择统计方式。本例以字段计数为例。然后将相应数据源中的筛选数据字段拖动到"筛选器"中，并在下面的选择一个值区域中选择筛选条件，最后单击"确定"按钮，如图 10.10 所示，效果如图 10.11 所示。

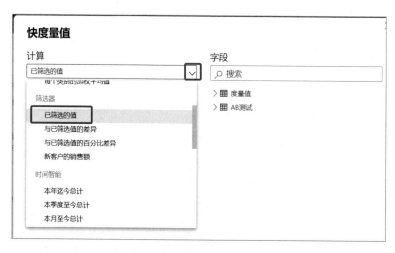

图 10.9　选择需要的度量值

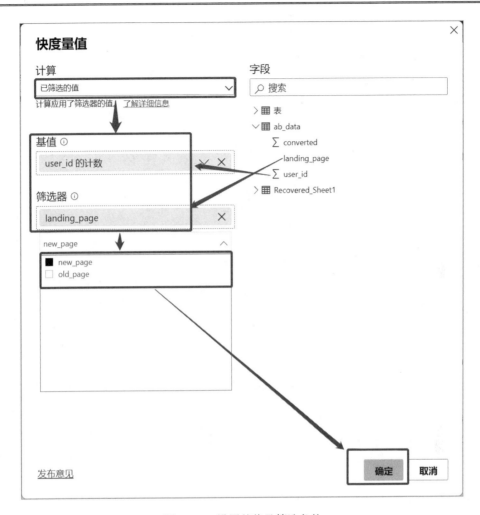

图 10.10　设置基值及筛选条件

```
1  新页面的测试数据总条数=
2  CALCULATE(
3      DISTINCTCOUNT('AB测试'[user_id]),
4      'AB测试'[landing_page] IN { "new_page" }
5  )
```

图 10.11　新建快速度量值结果展示

10.2.3　新版本的页面成功转化率

有时我们需要计算在新版本页面中有多少数据已经成功转化，以及有多少测试数据，然后将这两个数据相除来计算成功率。使用第 4 章学过的 DIVIDE 除法运算函数、

CALCULATE 筛选函数和 DISTINCT 去重计数函数进行嵌套就可以计算出成功率。

操作步骤是，右击表名，在弹出的快捷页面中选择"新建度量值"命令，在文本框中输入以下表达式：

```
新页面成功率 =
//DIVIDE 函数执行除法运算
DIVIDE(
//使用 CALCULATE 筛选函数计算新版本页面在 AB 测试中成功转化的数据条数作为分子
CALCULATE(
DISTINCTCOUNT('AB 测试'[user_id])
, 'AB 测试'[landing_page] IN {"new_page"}
, 'AB 测试'[是否转化] IN {"成功"})
,
//使用 CALCULATE 筛选函数计算新版本页面在 AB 测试中的总数据条数作为分母
CALCULATE(
DISTINCTCOUNT('AB 测试'[user_id])
, 'AB 测试'[landing_page] IN {"new_page"})
)
```

10.3　利用智能叙述功能创建可视化分析看板

前面"铺垫"了这么多，下面终于可以制作自动更新数据的可视化分析看板了。本节将介绍如何通过"智能叙述"功能实现看板文案不变，但是涉及的数据可以自动更新的功能。

如图 10.12 所示，单击"可视化"中的"智能叙述"按钮后，将出现一个文本框。在其中写入文案内容后，当需要引用数据时，单击下方工具栏中的"值"按钮，如图 10.13 所示，弹出"创建随你的数据更新动态值"对话框，在"如何计算此值"文本框中输入之前写入的度量值，在"结果"下拉列表框中选择适当的数据格式，在"命名值"文本框中输入名称，然后单击"保存"按钮，如图 10.14 所示，效果如图 10.15 所示。所有"数值"部分都是智能数值。数据源更新后，所有值可以一并更新。

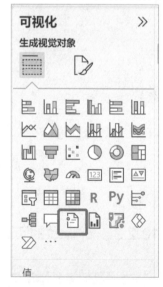

图 10.12　"智能叙述"按钮

🔔注意：在"如何计算此值"文本框中只要输入关键字，下方就会模糊匹配到之前输入的所有相似的度量值名称，然后选择自己需要的那一个即可。

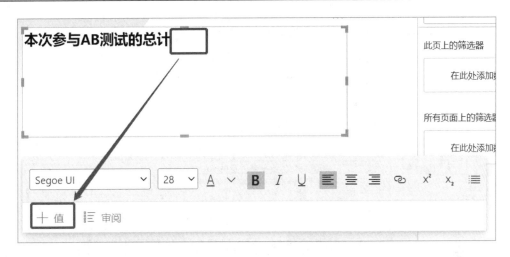

图 10.13　添加值操作步骤 1

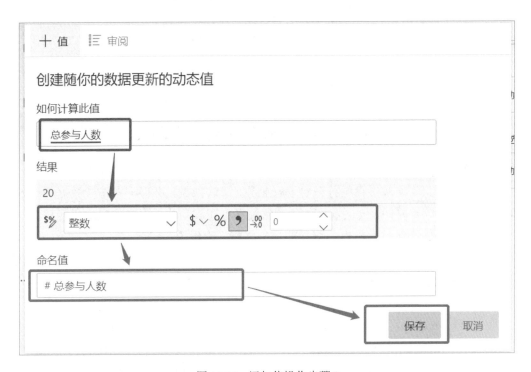

图 10.14　添加值操作步骤 2

注意：以上报告仅作为"智能叙述"功能使用的示例展示，现实生活中肯定不会因为成功率这一个指标去判定哪个页面好，哪个页面不好，还要了解实际业务场景，增加多维度的分析指标，利用假设检验等统计学知识去进一步论证，最后才能给出结果和建议。

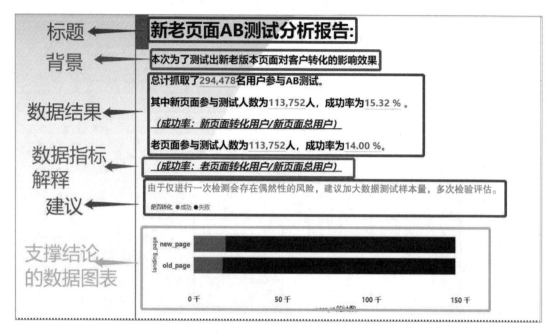

图 10.15　智能叙述效果展示

10.4　如何编写分析报告

在编写分析报告之前，我们首先要了解业务，了解数据，并做一些清洗数据等准备工作，这些会耗费较长时间，此时我们往往会很疲惫，在编写分析报告的时候很容易将一堆数据罗列在报告中并且没有重点，这样的报告其实毫无价值。

10.4.1　什么是 SCQA

如何结构化表达？芭芭拉·明托在《金字塔原理》一书中提出了 SCQA 结构，就是 Situation（情境）、Complication（冲突）、Question（疑问）和 Answer（回答）的解决方案是什么。

可以将 SCQA 结构的逻辑带入分析报告中进行分析与总结。

- Situation（情境）：可以讲一下业务背景，分析目的及业务价值。
- Complication（冲突）：给出整体的数据分析结果，哪些数据存在问题。
- Question（疑问）：存在的问题对业务有哪些影响？
- Answer（回答）：如何解决问题，给出一份调整计划及如何对数据进行监控的计划。

10.4.2　分析报告要注意哪些问题

- 我们要的不是数据，而是通过数据了解事实，因此不是将所有的数据都罗列在报告中就可以了。
- 数据结果是什么？为什么是这样的结果？结论要以数据为依据。
- 汇报对象是谁？根据对象的不同将分析的粒度划分为点、线、面，不同的对象的关注点是不一样的。
- 报告需要有逻辑性，可以参考 SCQA 结构。
- 将分析报告图表化，减少用数值和表格等形式展示，这样可以使汇报对象更直观地展示数据。
- 不要因为害怕被老板责备而只写好的方面，而不写不好的方面。只有及早发现问题，才能及时解决问题。
- 一些不常见的指标数据要在报告中写明计算逻辑。